Rita's Favorite Items
100

スタイリスト 髙橋リタの偏愛ITEMリスト100

KOBUNSHA

Introduction

私は毎日、私でいたい

私は好きなものの幅が狭くて、掘り下げて極めたいタイプです。言ってしまえば、自分でも“変態”ならぬ（笑）、“偏愛”気質だと思っています。

気に入ったアイテムは同じ型を複数買いするし、パンツを色違い、靴に合わせてレングス違いで揃えるのは当たり前。傍から見れば毎日、同じ服を着てるように見えるかもしれないけど、安心してください。着替えてます（笑）。普段の靴はフラットシューズ一辺倒、オンタイムの時計もCartierの「タンク」一筋。同じようなものを幾つもコレクションしています。普通なら、次に買うのは他のブランドの違うタイプにしようという人が多いでしょう。でも私は日によって違う女性にはなりたくない。私は毎日、私でいたい。私が「心地いいもの」にこだわって極めたい――。

この本は、そんな私が偏愛してやまない「お気に入り」が詰まった一冊です。手に取っていただいた皆さんにとって、私の“偏愛”リストが何かのお手伝いになれば幸いです。

CONTENTS

002 Introduction 私は毎日、私でいたい

008 THEME：1 *fashion*
心も体も「心地よい」スタイルで
毎日ハッピーに過ごしたい

010 Part.**01**
ベーシックアイテムもアップデート。“今”の私を語る名品たち

012 no.**001** LOEWE のかごバッグ

014 no.**002** ~ no.**011** かごバッグコレクション

016 no.**012** MARNI の A ラインスカート

018 no.**013** SAYAKA DAVIS のサマードレス

020 no.**014** SLOANE のノースリーブカットソー

022 ノースリーブカットソーの私的コーディネート

024 no.**015** Cartier のオールドタンク

026 no.**016** Gianvito Rossi のバーサンダル

028 no.**017** BAGUTTA の白シャツ

030 no.**018** PT　TORINO WOMEN のパンツ「HOLLY」

032 no.**019** オーダーのテニスブレスレット

034 no.**020** TKEES のビーチサンダル

036 no.**021** ROLEX のエアキング

038 no.**022** RED CARD のデニム「Carat」

040 デニムの私的コーディネート

042 no.**023** Hirotaka のイヤーカフ

044 no.**024** STUBBS & WOOTTON のベロアスリッポン

046 no.**025** SLOANE のハイゲージニット

048 no.**026** OLIVER PEOPLES のサングラス
050 no.**027** Golden Goose の「スターター」
052 no.**028** YOKO CHAN のリトルブラックドレス
054 リトルブラックドレスの私的コーディネート
056 no.**029** R のチェスターコート
058 no.**030** PANTHERELLA のソックス
060 no.**031** J.M. WESTON のローファー
062 no.**032** CINQUANTA のライダースジャケット
064 no.**033** BEGG & CO のカシミアストール「Arran」
066 no.**034** HERMÈS のエタンの革小物
068 no.**035** WOOLRICH のダウンコート
070 no.**036** M/G TASAKI の「SLICED」のパールジュエリー

072 Part.**02**
七里ヶ浜で過ごす休日は海に似合うスタイルで

074 no.**037** VANS スニーカー「OLD SKOOL PRO」
075 no.**038** THE NORTH FACE ウィンドブレーカー「EXPLORATION JACKET」
076 no.**039** E.T. キャラTシャツ
077 no.**040** BAGGU × PENDLETON コラボエコバッグ
078 no.**041** CP SHADES フレアスカート
079 no.**042** Swatch リストウォッチ「SKIN CHRONO」
080 no.**043** & **044** patagonia キャップ&ボードショーツ
081 no.**045** JAMES PERSE ジョガーパンツ「ソフトドレープパンツ WKL1730」

082 *Column* 懐かしい! Rita's ファッション・クロニクル

CONTENTS

086 THEME：2 *Travel*

親孝行も兼ねハワイのハレクラニで
過ごす休日は実家に帰るような気分

088 no.**046** RIMOWA スーツケース

090 no.**047** 無印良品 パラグライダークロスたためる仕分けケース

092 no.**048** Valextra オーガナイザー&パース

094 no.**049** sisley サンケアシリーズ

096 no.**050**～**060** 日用品はハワイでまとめ買い

098 no.**061**～**075** *Column* ライフスタイル全部知りたい！ リタさん、教えて！

104 THEME：3 *My favorites*

妥協するのが嫌いな私が選び抜いた
「使い心地がいいもの」エトセトラ

106 no.**076** BALMUDA スチームトースター

107 no.**077** IKEA キッチンクロス

no.**078** Jars ジャス 器

no.**079** 山田平安堂 重箱

no.**080** Tupperware 保存容器

108 no.**081** デルフィーノ 魚醤

109 no.**082** Zavalloni 白ワイン

no.**083** VICIDOMINI スパゲットーニ（2㎜）

no.**084** 山利 釜あげしらす

no.**085** No.1 CHEESECAKE チーズケーキ

110 no.**086** Aēsop ハンドウォッシュ&ボディクレンザー

111 no.087 uka ヘアスタイリングウォーター

no.088 BARAKA バスソルト

no.089 Jo MALONE ボディクレーム&コロン

no.090 GROWN ALCHEMIST ハンドクリーム

112 no.091 DR. VRANJES ディフューザー

113 no.092 MAWA ハンガー

no.093 Ron Herman ルーム&リネンスプレー

no.094 Santa Maria Novella ポプリ

no.095 BRAUN アナログ アラームクロック

114 no.096 鳩居堂 ポチ袋

115 no.097 坂田文助商店 扇子

no.098 JASON MARKK スニーカークリーナー

no.099 HERMÈS シルバーキーリング

no.100 Dr.Beckmann シミとりステインペン

116 THEME : 4 *My History*
ずっと大好きなスタイルがある。
それが私の歴史であり、現在形 Interview

123 *Column* お仕事仲間に聞きました! リタさんの「素敵な偏愛」

125 Epilogue

126 SHOP INDEX

E.T.

THEME：1

fashion

心も体も「心地よい」スタイルで
毎日ハッピーに過ごしたい

いつも周りから「ブレないね」と言われる私。
「クリーン・知的・上品」をキーワードにしたスタイリングは、
昔も今もまったく変わっていません。
もちろん仕事柄、トレンドも意識しますが、
自分のスタイルに合わなければスルーする流行も結構あります。
「お洒落は我慢」という方もいらっしゃるけれど、
私はマインドも含めて「心地よい」ものしか身に着けたくないし、
実用性がないものも苦手。
様々なシーンがある毎日も、
誰と会ってもどんな場面でも自信が持てる
「シーンレス」な着こなしで、心地よくハッピーに過ごしたいと思っています。

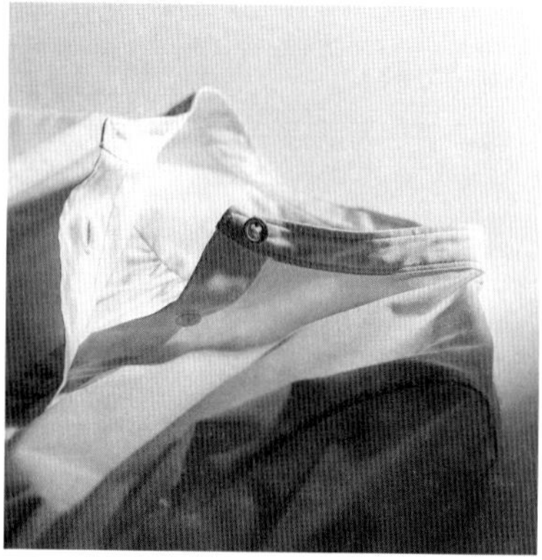

Part. 01

Rita's Standards Today

ベーシックアイテムもアップデート。“今”の私を語る名品たち

もう何年もの間、好きなアイテムも着こなしも憧れのファッションアイコンもまったく同じだけれど、実は少しずつ進化もしています。年齢を重ねれば体型も変わってくるし、ベーシックアイテムも約2年でシルエットが変わるからワードローブのアップデートも必要。たとえば黒のパンツひとつとっても、股上の深さや裾幅、レングスが変わるのでシーズン毎に必ず見直します。そのシーズンに合ったシルエットの、きちんとお手入れされた適正価格の服が、クリーンで知的な品格あるスタイルを作る——。“今”の私のクローゼットから、そんなプライベートな名品をご紹介します。

no. 001

Baskets

LOEWEのかごバッグ

シンプルなコーディネートのアクセントに。
幼稚園時代からの私の相棒♥

籐のバスケットを持ってお出かけしていた幼稚園生の頃から、かごバッグはMY定番アイテム。大人になってkate spadeにハマってからは、ANYA HINDMARCH、セレクトショップのインポートものなど、あらゆるかごバッグを収集してきましたが、ここ最近のお気に入りはLOEWE。'18年に発売された茶のレザーハンドルのかごバッグはTKEESのヌーディなビーチサンダルと合わせて、ひと夏ヘビロテしました。翌年にはマルチカラーのレザーが編み込まれたものを買い足し、さらには日本に3個しかないというオールレザーのパイナップル型もゲット♡　夏はワンツー・コーデかワンピースを着ることが多く、ただでさえ私のスタイルはシンプルなので、かごバッグがちょっとしたアクセントになる。デザインは、キッチュなタイプやクセのあるものも好きで、ちょっとふざけたようなモチーフのものも持っていますが（笑）、リースや打合せなどお仕事のときも、気にせずガンガン使ってます。

／私物

LOEWE
LOEWE

My favorite!

シンプル服が キュートに華やぐ、 かごバッグはやめられない

no. **002**
Capaf

no. **003**
SERPUI

no. **004**
TOMMASO
CANDRIA

no. **005**
Vanina

no. **006**
ANYA HINDMARCH

no. **007**
GUADALUPE

no. **008**
SUSAN ALEXANDRA

no. **009**
CULT GAIA

no. **010**
BEACH GOLD

no. **011**
Mercado Bag

セレクトショップで買ったり、私がディレクションするブランドの“R”で買い付けで集まったコレクション。すべてインポートで、これでもほんの一部です(笑)。遊びっぽいデザインのものをセレクトすることが多いけれど、幼い頃に持っていたようなどことなくノスタルジックなものにも惹かれます。

／私物

no. 012

Skirt

MARNI の A ラインスカート

着るとその良さが実感できる 女性をキレイに見せる構築的なシルエット

MARNI のスカートは、見た目ではわかりにくいけれど、穿くと立体的で構築的なシルエットのものが多いので、何着か愛用しています。このフレアスカートは '18 年に買ったものですが、A ラインがとてもキレイでウエストがキュッとくびれて見える。一見、地味だけど、ハリのある素材なのでフワッと広がって、華やかさも表現できます。本来はひざ下丈ですが、小柄な私が穿くと足首見えのミモレ丈のようになるので、白シャツとビジュー小物を合わせれば夜のレセプションにも OK。ボリュームがあるので、普段はノースリーブのカットソーやクラシカルな五分袖のリブのカットソーなど、コンパクトなトップスを合わせるコーディネートを。ただのフレアスカートのようで全然そうじゃない。合わせるアイテムしだいでシーンレスに使える名品スカートです。

／私物

no. 013

Summer Dress

SAYAKA DAVISのサマードレス

足元のコーディネートしだいで
暑い夏も仕事からディナーまで心地よく

Aラインのサマードレスは､蒸し暑い夏にも涼しく着られる便利なもの。昼間の仕事中はスニーカーやトングサンダルで、夜の予定にはビジュー付きサンダルを合わせて……とシーンレスに使えます。Aラインなら小柄な私もロング丈が無理なく着こなせるし、シワになりにくいコットン素材を選べば夏のロケなど仕事着にも最適。ロング丈ならではのちょっとドラマチックな雰囲気も好きで、見つけるとついつい収集してしまいます。なかでもSAYAKA DAVISのドレスは、リゾート先での夜のお出かけや会食にも重宝。クルーネックだけど肩が露出しているので華やかさもあり、毎年、新色が発売されるたびについ買ってしまう最後のワンピのひとつ。ハワイに必ず持っていくワードローブです。

PRICE ／¥59,000
SAYAKA DAVIS ／ショールーム セッション

no. 014

Sleeveless Tee

SLOANEのノースリーブカットソー

ヘビロテの理由は素材とカッティング。
半袖よりも使いやすいノースリーブに注目

もともとSLOANEのクルーネックニットが大好きで、襟元と裾に白のカットソーをチラ見せする着こなしをしていたんですが、あるときショールームでこのカットソーを発見。ニットとカットソーを同じサイズで揃えると、チラッと襟元とすそがのぞくように計算されているデザインに感動して、即買いしました。忙しい朝も組み合わせに迷わないので、サイズ違いで持っているニットに合わせてノースリーブカットソーもそれぞれ同じサイズを揃えています。もちろん一枚で着ても、光沢のある上質なコットンを使用しているので下着感がありません。身頃のシルエットは体のラインにつかず離れずで変に生々しく見えないし、脇ぐりも計算されていてハミ肉の心配がないのが嬉しい。半袖Tシャツよりも思いきってノースリーブを選んだほうが洗練されたイメージになり、むしろ二の腕を分断しないのですっきり見える気がします。

PRICE ／各¥7,800
SLOANE ／スローン

SLOANE

Rita's Private Styling

ノースリーブカットソーの私的コーディネート

カプリ島で過ごすジャッキーを意識したスタイル。
小物にはトングサンダルと、
あえてカプリのお土産屋さんに売ってるような
かごバッグを合わせました。
ジャッキーは私の永遠の憧れであり
ベーシックなスタイリングの先生です。

cut sew ¥7,800 SLOANE ／スローン
pants ¥39,000 Drawer ／ドゥロワー 六本木店
necklace ¥340,000、bangle ¥150,000
ともに carat a ／ ISETAN SALONE 東京ミッドタウン
bag〈参考上代〉¥37,000 ARANÁZ ／エルディスト
shoes ¥35,000 il Sandalo of Capri ／アマン

あえて春夏に着るスエードは、
欧米っぽい乾いた感じがカッコよくて好き。
日本は湿気が多いから、
なるべくカラッとしたお天気の日に着ています。
クールな印象の夏のブラックには、
ふざけた感じのバッグ（笑）でハズすのも好きな組合せ。

cut sew ¥7,800 SLOANE ／スローン
skirt ¥49,000 R ／オンワード樫山
hat 私物／ ARTESANO
sunglasses ¥49,000 EYEVAN 7285 ／アイヴァン 7285 トウキョウ
bag 私物／ SERPUI
shoes 私物／ Gianvito Rossi

一枚でもニットのインにも、一年中愛用しているノースリーブのカットソー。
いろいろなテイストにコーディネートできるので重宝しています。

クラシカルなフラワープリントの
エスカルゴ・スカートとの組合せ。
クルーの襟元には
パールのショートネックレスを合わせて、
古き良き時代の避暑地スタイルを思わせるような、
レディライクな着こなしに。

cut sew ¥7,800 SLOANE ／スローン
skirt ¥36,000 R ／オンワード樫山　sunglasses ¥43,000
EYEVAN 7285 ／アイヴァン 7285 トウキョウ
necklace ¥71,000 Harpo　bangle ¥55,000 TAPLEY ／
ともにエスケーパーズオンライン　bag〈参考上代〉
¥40,000 ARANÁZ ／エルディスト　shoes 私物／ TKEES

半袖ニットのアンサンブルだと堅いイメージだけど、
ノースリーブのカットソーなら
抜け感もプラスされて。
シェイプしすぎないシルエットなので、
ボリュームのあるストレートパンツにも
バランスよく合わせられます。

cut sew ¥7,800、 cardigan ¥24,000
ともに SLOANE ／スローン　pants ¥35,000
DESIGNWORKS ／デザインワークス ドゥ・コート六本木ヒルズ店
bracelet 上から¥38,000、¥98,000 ともに UNOAERRE ／
ウノアエレ ジャパン　bag 私物／ SERPUI
shoes ¥52,000 PELLICO ／アマン

no. 015

Vintage Cartier

Cartierのオールドタンク

タンク好きが高じて機械式のレアな
オールドタンクも最近の定番に

二十歳のお祝いに両親から贈られた「マスト タンク」以来、“クリーン・知的・上品”という三要素が凝縮されているスクエアフェイスの「タンク」の魅力にはまっています。年齢を重ねるごとに「タンク フランセーズ」のYGブレスレットやボーイズサイズのSSブレス、「タンク アメリカン」のYGクロコベルトから、ダイヤ入りブレスレットにアップデートしてきたけれど、電池で動く時計なんて時計じゃないって言うパートナーの影響もあって、機械式のオールドタンクに目覚めました。特に「タンク ルイ カルティエ エクストラフラット」は4㎜の薄型ケースに「フレデリック・ピゲ」のムーブメントというマニア心を刺激するレアもの。さらにレア中のレアと言われるWGケースにも出会ってしまったので、思いきって二つ購入しました。

<左から>時計［タンク アロンジェ］、［タンク ルイ カルティエ］、［タンク ルイ カルティエ エクストラフラット］のYGとWGケース／私物

CARTIER
CARTIER
CARTIER
CARTIER

no. 016

Flat Sandals

Gianvito Rossi のバーサンダル

夏の足元を絶妙な抜け感で
決めてくれるフラットなサンダル

夏に履くサンダルは、日焼け脚に似合うヌーディなデザインが好き。なかでも足首が華奢に見えるバーサンダルが大好き。ミラノの街角で見かける女性のようなカッコよくこなれたセクシー感が表現できます。フラットなので変に女っぽくなりすぎず、リースの仕事中も靴擦れせずにラクに動けて夜はそのまま会食にも行ける。たとえばハワイでショッピングの後にご飯に行くときなど、アラモアナショッピングセンターの端から端まで歩いても足首がストラップで固定されているから疲れないし、そのままレストランにも出かけられます。なかでも Gianvito Rossi のバーサンダルはアンクルストラップの位置が高く、足首のもっとも細いところをホールドするので、足首がより華奢に見え、脚も長く見える。インナーソールには薄いクッションが入っていて、ペタペタ歩いても足が疲れにくいのもうれしいポイントです。

／私物

no. **017**

White Shirts

BAGUTTAの白シャツ

考えぬいたシルエットとディテール。
端正ななかに遊び心も忘れずに

オーセンティックなシャツを作っているBAGUTTAから、ベーシックなレディスのシャツを作ってみませんかとお声がけいただいてコラボしたお気に入りのシャツ。ただの普通の白シャツではつまらないと思い、第一ボタンをゴールドにアレンジしたり袖周りや後ろのヨークにギャザーを施すなど、ベーシックながら今どきの気分や遊び心のあるディテールにこだわりました。一見コンパクトでありながらほどよいリラックスシルエットは、縫製や素材には定評のあるブランドなので着心地も抜群。第二ボタンまで開けて着られるようにボタンの位置も吟味しました。初対面の方に会うときなど、ジャケットを着なくてもシャツならきちんとした印象に見えるし、男前なアイテムだからこそかえって女性らしさも引き立つ。ジュエリーを盛ってもシャツなら大丈夫。きちんとクリーニングしてアイロンされたシャツは清潔感も魅力です。

PRICE ／各¥31,000
BAGUTTA ／トレメッツォ

no. **018**

Color Pants

PT　TORINO WOMENの「HOLLY」

キレイで動きやすいカラーパンツは
複数まとめて大人買いの価値あり！

気に入ったアイテムは同じものをまとめ買いする私。これ！というパンツを見つけると、色違い、素材違いで揃える習性があります（笑）。どちらかといえば、色ものは顔に近いトップスよりボトムスで取り入れるほうが洗練度が増すと思うのですが、スカートと違ってカラーのパンツはなかなかない。そこでPTとコラボして、ピッティ（イタリアで開催されるメンズファッションの国際見本市）に集う男性たちが穿いているような、くすみのないブライトカラーのパンツをきちんと感のあるサマーウールで作りました。トリノでメンズのパンツブランドとして誕生したPTが日本人女性の体型に合わせてデザインした「HOLLY」は、シルエットの美しさはもちろん、かがんでも崩れないパターンも自慢です。カラーパンツのコーディネートは、ミニマルなノースリーブのタートルニットやカットソーを合わせてクラシカルに。'60年代のグッドガール風のイメージで着こなすのが正解です。

PRICE／各¥38,000
PT　TORINO WOMEN／PT JAPAN

no. 019

Tennis Bracelet

オーダーのテニスブレスレット

テニスブレスレットは色あせない最愛アイテム。ダイヤモンドのクオリティにこだわって

ダイヤのバングルやレザーベルトの時計に重ねる、しなやかで動きのあるテニスブレスレットが欲しくて、後輩のジュエリーデザイナーにルース（石）から選ばせてもらってオーダーしました。3カラットだとちょっと華奢な印象だったので5カラットに変更して。一粒ネックレスと同じく流行のないデザインなので、この先も買い替えることがないように、ずっと使うつもりで大奮発！ ダイヤモンドジュエリーは、一生モノと考えてベーシックなアイテムを選ぶようにしています。その分、ダイヤの4C（カラット、クラリティ、カラー、カッティング）にこだわって、ブランドの名前よりも石に投資を。いつかピアスホールを開けたら、憧れのスタッズピアスに挑戦したい♡ おばあちゃんになっても、ダイヤの輝きに負けないキラキラした女性でいるのが目標です。

／私物

no. 020

Beach Sandals

TKEESのビーチサンダル

カジュアルだけど大人顔した
夏のヘビーユースアイテム

華奢なストラップとレザー素材がお気に入りのビーチサンダル。ゴム素材のビーサンより大人っぽく、インナーソールにはクッションが入っているので、どんなに歩いても足の指のつけねが痛くならない。軽くてソフトで履き心地抜群、トングサンダル感覚で使える、夏のヘビーユースアイテムです。最初にセレクトショップで見つけたときは、ヌーディなキャメルが日焼けした足に似合うなと思って購入しましたが、インディゴのデニムともカーキ色のリネンスカートともぴったり♪これは便利！と3色揃えました。黒は夏の夜遊びスタイルにも使えるし、パイソン柄は黒のサマードレスのアクセントになる。海からそのまま来ちゃったふうに見せないためにも、デニムや膝下丈のスカートなど足を露出しすぎないボトムスを合わせて、クリーンな着こなしに仕上げます。

／私物

TKEES

no. 021

Vintage ROLEX

ROLEXのエアキング

オフには白い光のものが気分。
レアなサイズ感のヴィンテージ ロレックス

マイファースト ROLEX は、当時大ブームだった「オイスターパーペチュアルデイトジャスト」。それ以降は Cartier 一辺倒だったけれど、最近はパートナーの影響もあり、ヴィンテージの ROLEX の魅力に目覚めました。'70 年代のヴィンテージ ROLEX「エアキング」は、もともと' 30 年代に航空業界のパイオニアたちが愛用していたという、パイロットたちの時計。そんなうんちくにも惹かれ機会があるたびにチェックしていたところ、昨年冬、セレクトショップで運命的に出会ってしまいました！ 34㎜というメンズとボーイズの間くらいのサイズ感と、珍しいチャコールグレーの文字盤が気に入って即買い。ウィークデイは YG ケースの Cartier を着けてることが多いので、使うのはおもに週末などオフのとき。七里ヶ浜やハワイで過ごす休日には「エアキング」に WG やシルバー のカジュアルなアクセサリーをコーディネートしています。

／私物

ROLEX
OYSTER PERPETUAL
Air-King

no. 022

Denim

RED CARDのデニム 「Carat」

丈とシルエットにこだわり
私の世界観を詰め込んだデニム

Dr. デニムと称されるRED CARDの本澤裕治さんが、私がディレクションを手がけるブランド“R”のために作ってくださったデニム。「リタさんはダイヤモンドのようにいつもキラキラしてるから」と「Carat」と名付けてくださり、恥ずかしながらとてもうれしかったので大事に穿いています。ラインは細すぎず太すぎない絶妙なストレートでRED CARDの「Anniversary Straight」とほぼ同じ。ボーイズ感のあるストレートラインとミッドライズのデニムらしいデニムで、女のコ用の美脚デニムでも流行のハイライズでもないオーセンティックなもの。丈は通常のものより1cm短くした足首の見えるクロップト丈。TKEESのビーチサンダルやローカットのスニーカーで日焼けしたくるぶしを見せれば、ヘルシーな女らしさが表現できます。色はダメージのないミッドウォッシュのインディゴとブラックの2色展開。残念ながら現在は取扱いがないけれど、今も愛用しています♡

／私物

Rita's Private Styling

デニムの私的コーディネート

七里ヶ浜で過ごす休日のスタイル。
"E.T."プリントのキャラTも
モノトーンでまとめれば、
アメリカン・カジュアルっぽくならず、
大人のバランスで着こなせます。

denim 私物／ RED CARD（現在取り扱いなし）
T-shirt 私物
sunglasses ¥28,000 EYEVAN ／アイヴァン PR
necklace ¥62,000 Harpo ／エスケーパーズオンライン
bangle 私物／ ADAWAT'N TUAREG
bag 私物／ SENSI STUDIO　shoes 私物／ TKEES

ブラックデニムにタキシードジャケットを
さらりと羽織った辛口コーディネート。
小物だけに色を取り入れた
オールブラックの装いで、
こなれたパーティスタイルに。

denim 私物／ RED CARD（現在取り扱いなし）
jacket ¥224,000 MADISONBLUE ／マディソンブルー
cut sew ¥7,800 SLOANE ／スローン
necklace ¥52,000 MARIHA ／ショールーム セッション
bag 私物／ J.CREW
shoes ¥95,000 Gianvito Rossi ／ジャンヴィト ロッシ ジャパン

テーパードしてないストレートラインだから、カジュアル＆トラッド、
どんなテイストにも対応します。

コットンのブラウスとトングサンダルを合わせた、
大人仕様のガーリースタイル。
Mid Usedの色落ちしたインディゴデニムなら、
甘さもちょうどいいバランスに。
ハワイでショッピングするときなどに。

denim 私物／ RED CARD（現在取り扱いなし）
blouse ¥25,000 R ／オンワード樫山
hat 私物／ ARTESANO
bag 私物／ SERPUI
shoes ¥33,000
il Sandalo of Capri ／アマン

ハイゲージニットでトラッドテイストに仕上げて。
タートルなのにノースリーブという
肌見せのバランスが好きです。
『奥様は魔女』のサマンサやグレース・ケリー風
クラシカルでクリーンなスタイル。

denim 私物／ RED CARD（現在取り扱いなし）
knit ¥19,000 SLOANE ／スローン
watch ¥1,300,000 ZENITH
／ LVMH ウォッチ・ジュエリー ジャパン ゼニス
bag ¥359,000 Mark Cross ／ブルーベル・ジャパン
shoes ¥100,000 J.M. WESTON ／ジェイエムウエストン 青山店

no. 023

Ear Cuff

Hirotakaのイヤーカフ

新しい耳元のオシャレが楽しめる
上品で構築的なフォルム

以前にネックレスをコラボしているほど、デザイナーのHirotakaさんの作るジュエリーの大ファン！　私はピアスホールを開けていないのでここ何年かイヤーアクセから遠ざかっていましたが、Hirotakaのイヤーカフはモダンで繊細、上品でいて構築的なデザインだったのでトライしてみました。そろそろ年齢的にも、顔の周りに光があるほうが明るく華やかに見えていいなと思ったのも理由のひとつです。実際に着けてみたら、耳からはずれにくいし痛くもならない。何より着けたときの計算された構築的なシルエットが他では絶対見つからない！　私のベーシックなスタイルのスパイスとなって、今の気分もトッピングしてくれる。Hirotakaのピアスを着けるために、人生で初めてピアスホールを開けようかと思っているほど心酔しています。

PRICE／左から¥88,000、¥38,000、¥43,000、¥48,000、¥46,000
すべてHirotaka／ヒロタカ 表参道ヒルズ

no. 024

Slip-On Shoes

STUBBS & WOOTTONのベロアスリッポン

粋な大人っぽさに心がときめく
カスタマイズできるベルベットスリッポン

ニットと白Tを重ねて裾を見せる着こなしや機械式時計など、メンズファッションからインスパイアされることも多い私。STUBBS & WOOTTONのベルベットのスリッポンも、セクシーでお洒落な大人の男性が履いているのを見て、可愛いなと思ったのがきっかけでハマることに。ブランドの創始者が休暇を過ごしたフロリダのパームビーチで、友人たちがみんなベルベット素材のスリッポンを履いているのをヒントに立ち上げたブランドだけに、ウィットに富んだモチーフが豊富にそろっています。セレクトショップで購入したり、本国のサイトでもカスタマイズできるので直にオーダーすることも。デニムやショートパンツなどのカジュアルスタイルはもちろん、リトルブラックドレスに黒タイツなど、ドレスアップな着こなしに合わせて履くのもおススメです。

PRICE／¥72,000
STUBBS & WOOTTON／ユナイテッドアローズ 青山 ウィメンズストア

WOOTTON

no. 025

High Gauge Knit

SLOANE のハイゲージニット

デザインしすぎないことも実は大切
'60年代ふうのクラシカルな佇まいが好き

私が着るニットはハイゲージニットがほとんど。季節によって、クルーネックの長袖、半袖、タートルの長袖とノースリーブ、V ネックのカーディガンの５型を揃えています。なかでもノースリーブのタートルニットは､着られる季節が限られているというのがお洒落心をくすぐります。クロップト丈のシガレットパンツとフラットシューズを合わせるだけで、私のファッションアイコンであるグレース・ケリーやジャッキー、サマンサのような '60 年代ふうのクラシカルなスタイルが叶うのがうれしい。また SLOANE のニットは、メンズのシンプルなニットをそのままサイズダウンしたようなベーシックな型とシルエットがポイント。変にコンパクトでもオーバーサイズでもなく、デザインのアレンジや飾りもない。いい意味で“普通さ”が素晴らしいと思っています。

PRICE ／各¥19,000
SLOANE ／スローン

no. 026

Sunglasses

OLIVER PEOPLESのサングラス

顔の一部のようにしっくりなじむ。
絶妙なトレンド感がセレクト基準

サングラスは効かせアイテムというより顔になじむものが好みなので、テンプル部分にロゴや飾りがついているものはNG。OLIVER PEOPLESのサングラスは、ブランドを主張していない超シンプルなデザインでありながら、その年の気分をちょっとだけ取り入れたフォルムがベーシックな着こなしに合うので、いくつかのタイプを愛用しています。私の顔には、黒のサングラスだと強すぎる気がして、選ぶのはブラウン系一辺倒。レンズも大きすぎず小さすぎず。「メガネは顔の一部です♬」じゃないけど、欧米人のように顔にしっくりなじんでほしいので、主張しすぎるものは選びません。ショップの方には「去年も同じようなものを選びましたね」って言われるけど、幅や長さなど実はほんの少しずつアップデートしているのです（笑）。

／私物

…シピ 2　犬飼つな

A5判変形●1,300円

…」なあなたのために
…になって帰ってきた!

今日も1日よくやった。家でごはんが食べたいな……。そんな時に役に立つこの一冊!
残り体力(HP)5%、20%、60%のなかから選んで作れる、ラクうま97品。
包丁も火も使わない! 洗い物は皿ひとつ! レンジや炊飯器に全部お任せ、ワンタッチ!
サッ！と作って、ウマッ！と食べて、パッ！と片付く。忙しいあなたを助ける超簡単なごはんアイデアや、残りの体力が5%しかない人でも作れるおいしいメニューがあなたを救う!

残りのHP20%　**少しならキッチンに立てるかな。の料理**

…のときの
…とおかず

鶏肉と白菜のうまとろ塩煮込み

残りのHP60%　**よし、帰って何か作ろう! のレシピ**

特製ごまだれ水餃子

チーズ豚ッカルビ

稲荷神社のキツネさん

作画 東村アキコ
原作 町田真知子

A5判ソフトカバー●1,100円

祖父にツイていたキツネさんの〝シゴキ〟でお金持ちに!?

実在の人物の経験をもとに、東村アキコが書き下ろしで挑む爆笑「起業」ファンタジー。主人公はさえないサラリーマン・正助。趣味の食べ歩きと旅で憂さを晴らす日々を送っていた。そんなある日、京都の稲荷神社で、不思議な白狐に出会い、なぜか誘われるまま稲荷山の頂上まで上ってしまう。そこでキツネは思いがけないことをささやく。「ボクは稲荷神社の神様のお使い。キミのおじいさんにツイていたキツネだよ。キミはおじいさんと違ってぜんぜんお金儲けができていないね」……。著者自身が出会った「お金持ち」をモデルに描く、商売繁盛、金運を呼び込むための究極の三ヶ条とは!?

東村アキコ　言わずと知れた人気漫画家。「偽装不倫」「東京タラレバ娘」など、ドラマ化作品も多い。

町田真知子　ご神託コンサルタント。ご神託に基づいたアドバイスを実践するとビジネスが上向きになりお金のめぐりもよくなると大評判。企業経営者など多くの顧客をもつ。

悩みは武器

思いどおりに行ってたまるか!

鈴木紗理奈

単行本ソフトカバー●1,400円

紗理奈流「ちょっと不器用な夢のかなえ方」全部お話しします!

若い女性に絶大な人気の紗理奈。姉御肌でもあるけど、ホントはとことん悩みぬいてしまう性格。でも悩みのパワーをいつもバネにしてきた……。これまであまり語られてこなかった、結婚・シングルマザーになるまでの真実や、全霊を傾けていたレゲエ活動の話、マドリード国際映画祭での外国語映画主演女優賞を勝ち取るまで、息子の英国留学など、大人になった紗理奈が乗り越えてきた光と影の日々を、すべて語ります。両親への思いや夢の実現のために大切にしていることをつづった「紗理奈ノート」も。

やめる美容

友利 新　単行本ソフトカバー●1,300円

〝頑張ること〟をやめ、「やめる」の扉を開きましょう。

3人の子を育てる美しき女医・友利新が伝える、シンプルで無駄のない美容と健康の基本。むだな美容法をやめてもきれいになる〝美容断活〟をお教えします。世の中には、たくさんの美容法や食事法があります。しかし、その中にはほとんど意味のないもの、やるほどに逆効果になってしまうものもたくさん……。新しいことを始めるよりも、間違った行動を「やめる」ことで、あなたの体はちゃんと美しくなります。

- コンビニサラダはやめる!
- サラダチキンはやめる!
- 油ものの翌日は油を控える、をやめる!

光文社ノン

輔
揺

原体験
えのも
きな体験
をつくるこ
選択をでき
とがあっても
なくなり、原体
本では、そんな
る「原体験ドリン

く、

「愛した場所を去ることは、体の
人生のドアを開けた時、そこに何

no. 027

Sneakers

Golden Gooseの「スターター」

ブランドの隠れたもう一つの名品
まじめ顔が気に入っています

どんなに長い時間履いていても靴擦れしない履き心地のよさと、ほどよくモダンでクラシカルなバランスが気に入っているスニーカー。顔つきがシュッとしているからカジュアルになりすぎず、ローファー感覚で使えます。オールレザーでダメージのないシンプルな白のスニーカーなので、きちんと感のあるスタイルにもしっくりなじむ。ダメージ入りのスニーカーが人気のGolden Gooseにしては珍しいクリーンなデザインだから、ひと目でそれとわかりにくいところもいいんです。フラノでもリネンでも私の持っているほとんどのパンツに合って、ロングスカートやワンピースにもOK! 大好きすぎて、色違いの黒レザーと、かかとのスターがゴールド色の白レザーの計3足を愛用しています。

／私物

GOLDEN GOOSE/DB

no. 028

Little Black Dress

YOKO CHANのリトルブラックドレス

おさえた華やかさと甘さが都会的
どんなシーンでも自分らしくいられる一着

サイズと、丈感、コンパクトなフォルムがちょうどいいのがYOKO CHANのリトルブラックドレス。裾や袖口など、どこかしらに華やかなディテールが、あくまで控えめに入っているバランスが好きです。ブラックドレスってひと匙の甘さがないと喪服っぽく見えてしまうから、どこかに甘いディテールや肌見せ感が欲しいけれど、袖のあるものを選べば、色々な場面で応用が効くので便利。基本はフラットシューズでシーンレスに着ていますが、ビジュー付きのバッグとパンプスのセットをいくつか揃えておけば華やかにも着こなせる。ガラパーティでもない限り、たいていのオケージョンはそれで対応できます。パッと見はあまり変わらないかもしれないけど、華やぎポイントがちょっとずつ違うリトルブラックドレスをコレクションして自己満足してます（笑）。

／私物

Rita's Private Styling
リトルブラックドレスの私的コーディネート

グランメゾンのフレンチレストランに行くときや、
女同士でドレスアップしてのナイトアウトには、
普段はほとんど履かないハイヒールを合わせます。
バッグもキラキラのビジュー付きを合わせて
いちばん華やかなアレンジを。

dress 私物／ YOKO CHAN
necklace ¥450,000 TASAKI ／ TASAKI
bag ¥369,000 JIMMY CHOO ／ジミー チュウ
shoes ¥54,000 PELLICO ／アマン

結婚式の二次会やレストランウエディングでは、
パールでセレモニー感をプラスした
コーディネートで出かけます。
最近は披露宴は親族だけで行う方も多いので、
二次会ではカジュアルなドレスアップがちょうどいい。

dress 私物／ YOKO CHAN
necklace ¥460,000 M/G TASAKI ／ TASAKI
bag 私物／ ABISTE
shoes ¥144,000 Manolo Blahnik ／ブルーベル・ジャパン

“ほんのり華やぎディテール”のあるリトルブラックドレスは、小物使いで表情を変えられるシーンレス・アイテム。
小ぶりなパーティバッグを仕事バッグに忍ばせておけば、たいていの夜の予定はクリアできます。

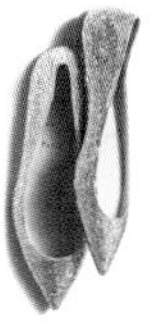

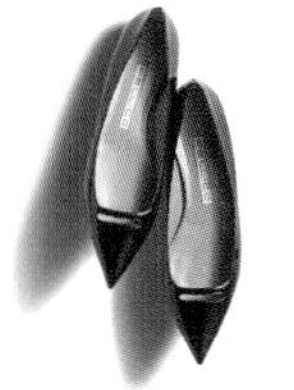

セレクトショップのオープニングや周年記念などの
レセプションに行くときのスタイル。
リースの流れでギリギリに行くことも多いので、
バッグだけ華やかな色の
小ぶりのクラッチにチェンジして。

dress 私物／ YOKO CHAN
necklace ¥240,000 MARIHA ／ショールーム セッション
bag ¥212,000 JIMMY CHOO ／ジミー チュウ
shoes ¥345,000 Christian Louboutin
／クリスチャン ルブタン ジャパン

美術館などで行われるハイブランドのイベントなど、
華美になりすぎず上品に装いたいときは
パテントパンプスと黒バッグでオードリー・テイストに。
サングラスを合わせることでニューヨーカー的な
ドレスアップも意識します。

dress 私物／ YOKO CHAN
sunglasses ¥30,000 propo ／プロポデザイン
bracelet ¥241,000 M/G TASAKI ／ TASAKI
bag ¥148,000 ZANCHETTI ／エリオポール代官山
shoes ¥48,000 PELLICO ／アマン

no. 029

Chester Coat

Rのチェスターコート

今の気分を取り入れつつクリーンで知的。私的なこだわりがぎゅっとつまった一着

私がディレクターを務めている“R”でおなじみのチェスターコート。イタリアの高級テキスタイルメーカー“コロンボ”の、カシミアが15%混紡された上質なウールを使用しました。手触りも柔らかくなめらかで、カシミア100%のようなツヤのある生地が自慢です。ドロップショルダーっぽく少し肩を落とすことでビッグシルエットのトレンドは取り入れつつも、袖と身ごろはコンパクトに。表情は今の気分だけれど、全体のシルエットはルーズすぎずあくまでもクリーンな印象をキープ。襟は立てても寝かせてもサマになる細めのテーラード、襟吊りにはチェーンを使うなど、細かいディテールにもこだわりを。ボタンレスのダブルフェイス仕立てで、軽くさらっと羽織れて、カジュアルにもキレイめにもコーディネートできる優秀なコートです。

／私物

no. 030

Socks

PANTHERELLA のラメソックス

お手本はマイケル・ジャクソン！
パンツと靴をつなぐ名わき役

クロップト丈パンツで足首を見せるのが寒々しいときや実際に寒いとき、パンツと靴をつなぐソックスを探していました。メンズでは白のソックスが流行っていましたが、そのままトライするのは微妙だし、チャコールやベージュも試してみたけどなんだか垢抜けない。あるときラメ入りソックスを合わせてみたら「マイケル（・ジャクソン）みたいで素敵！」と思って（笑）、それ以来ラメソックスを集めています。なかでも英国の靴下メーカーの PANTHERELLA は、コットンカシミアのハイゲージリブでラメの粒も細かすぎず大きすぎず、ちょうどよい塩梅でお気に入り。パンツとローファーの真面目な組合せに華やぎ感を加えてくれます。私って男の人のソックスにフェチがあるのか、いつもメンズの足元に興味しんしん。男性がタキシードを着るとき、オペラパンプスにラメソックスを履いているのもタイプです♥

PRICE ／¥3,200
PANTHERELLA ／真下商事

no. 031

Loafers

J.M. WESTONのローファー

一日30分から「育てる」楽しみ。
大切に履くオーセンティックなローファー

偏愛度がもっとも高いアイテムのひとつがローファー。高校時代のREGALから始まって、Salvatore Ferragamo、GUCCI、TOD'S、Church's、G.H.BASSと様々なブランドのローファーを履いてきたけれど、ずーっと憧れていたJ.M. WESTONを、ついに4年前に購入。最初は家の中で履いて、今日は30分、明日は60分と徐々に慣らし、自分の足になじむように育てたローファーは宝物。履いた後は必ず汚れを落としてシューキーパーを入れて保管し、年2回はメンテナンスのために磨きに出します。この「シグニチャーローファー# 180」はJ.M. WESTONのアイコンでもあり、オーセンティックな代表モデル。フルレングスのパンツだと真面目すぎちゃうので、合わせるのはクロップトパンツやデニムオンリー！ クロップト丈で足首を見せると抜け感が出て女らしく履けます。実は今、ひそかにスニーカーも狙っています。

／私物

no. 032

Rider's Jacket

CINQUANTA のライダースジャケット

驚くほどしなやかでディテールも上品。大人映えするライダースジャケット

基本的にYGジュエリーを着けることが多いので、今までシルバー金具が目立つライダースはあまり出番がなかったんです。でもCINQUANTAでは上質なラムレザーにゴールド金具を使ったライダースをオーダーできることを知り、それならば私のワードローブにピッタリと思いトライしてみました。以前からCINQUANTAのレザーブルゾンが好きでコーディネートでよく使っていたのですが、このライダースもゴワゴワ固くなくてしなやかで着やすい。仕立ては本格的でありながら、装飾がトゥーマッチじゃないところもいい。いかつく見えがちな肩章も付いてない。まさに大人の女性にふさわしい一着。私はあえてデニムとは合わせず、ワンピースやロングスカートをカジュアルダウンするときに活用。季節の変わり目の、春や秋のブリッジアイテムとしても重宝しています。

PRICE ／¥138,000
CINQUANTA ／チンクワンタ

50
CINQUANTA

no. 033

Cashmere Stole

BEGG & COのカシミアストール「Arran」

色と肌触りに惚れ込んでリピート。
3シーズン使える万能ストール

1866年にスコットランドで創立されたBEGG & COのカシミアストールは、最高級の天然素材にこだわっているのが特徴。なかでもホワイトカシミヤ100%の「Arran」シリーズはとげのある植物の実で生地の表面を優しくブラッシングすることにより、美しい光沢と柔らかな手触りを実現しています。そのカラーバリエーションは150色とも言われていますが、私のお気に入りは絶妙なミルク色の“オイスター”。黒にもネイビーにもブラウンにもグレーにも合う万能カラーで顔映りもいい。白ほど派手じゃなくグレーほど地味じゃないところもGOOD。同じくオールマイティーな黒も愛用していますが、黒は使い続けると劣化が目立つのでリピート買いを。いいカシミアほど毛玉ができやすいので、潔く買い替えてクリーンな印象をキープします。

PRICE ／各¥69,000
BEGG & CO ／ボーダレス

no. 034

Leather Accessories

HERMÈSのエタンの革小物

おさえたシックさは
手にするたびに幸せな気分に

母からケリーを譲られて以来、ひととおり黒のボックスカーフを揃えた後に持ちたいと思ったのがエタン（Etain）。一般的に人気なのはグレージュのエトゥープ（Etoupe）ですが、私には白ステッチがちょっとスポーティに感じられて。エタンはステッチも同色で目立たず、フランス語で錫《すず》という名のとおり、シックなダークグレーがひと目で気に入りました。革小物は、赤やピンクは苦手だし黒だと地味すぎる。エタンなら人とも被らず、黒いバッグの中でも見つけやすい。そして、意外と汚れが目立たないのも嬉しい。エタンのケリーはどんなベーシックカラーの服にもなじみ、金具がゴールドなのもYGジュエリー好きには使いやすいポイント。キレイめな服に持つとマダムっぽくなって私らしくないけど、メンズライクな着こなしにいいなと思い、別売りのストラップ、バンドリエールを付けてカジュアルスタイルと合わせてガンガン使っています。

上から　wallet［ベアン］、card case［カルヴィ］、Aganda Cover［ヴィジョン］、Bookmark［カルメンチータ］、bag［ケリー］、Bandrier［トレサージュ・ドゥ・キュイール］／私物

no. **035**

Down Coat

WOOLRICHのダウンコート

どんな過酷なロケでも守ってくれる。極寒ロケの守護神的コート

スタイリストって、真冬にAM2:30発で九十九里海岸などにロケに行くこともある仕事。極寒のアウトドアで撮影するときに手放せないのが、WOOLRICHのダウンコート。1830年創立のアメリカブランドで、南極探検隊に衣服を提供したこともあるというブランドのプロフェッショナル仕様のダウンの暖かさはさすが！防寒機能は完璧なのに、シルエットは細身で袖幅も太すぎないので着ぶくれせずすっきり着こなせる。表はシームレスでキルティングのステッチがないところも気に入っていて、冬の朝に愛犬のオリバーと散歩するときなど普段使いにも重宝しています。吹きっさらしの海ロケではフードもかぶってますが、ボリュームのあるファー使いでリッチ感も表現できる。何より他のスタッフとブランドが被らないのもいいですね（笑）。

PRICE ／¥138,000
WOOLRICH ／ウールリッチ 青山店

WOOLRICH

no. 036

Modern Pearls

M/G TASAKI「SLICED」のパールジュエリー

ほどよいモード感が今の自分にぴったり。小柄でもあえてロングタイプをセレクト

パールは、知的かつクリーンで品格のあるジュエリーの代表。女性誌の『ヴァンテーヌ』でスタイリングをしていた頃は、白シャツには必ずパールを合わせていました。最近はいわゆる王道なパールジュエリーより、モード感があってひとひねり効いたものが稼働率高め。60歳とか70歳になればまた王道パールも素敵だと思いますが、今は半端な年齢なのか冠婚葬祭風に見えてしまう。でもパールを大胆にスライスしたM/G TASAKIの「SLICED（スライスド）」は、ほどよくモードな表情でカジュアルな着こなしにもぴったり。私の場合は、小柄なので首元に小さくまとまるネックレスより、縦長に視線を流すロングネックレスが好バランス。クルーネックニットをはじめ、リトルブラックドレスやTシャツ×デニムなど、デイリーの着こなしにも活用しています。ただ、着けるときは一点だけ。トゥーマッチにならないように、ネックレスとブレスレットどちらかを選ぶようにしています。

PRICE ／ necklace ¥460,000・bracelet ¥241,000
M/G TASAKI ／ TASAKI

Part. 02

Items
For Weekend

七里ヶ浜で過ごす休日は
海に似合うスタイルで

7年ほど前におじが持っていた七里ヶ浜の家を譲り受け、リフォームして以来、私のデュアルライフが始まりました。普段は東京で忙しく働いているけれど、海の真ん前のセカンドハウスで打ち寄せる波を眺めれば気分転換になるし、旅行気分も楽しめる。天気のいい午後は自転車に乗って、逗子マリーナのロンハーマンまで近隣をパトロール！ 夜は、近くのイタリアンレストランに歩いて行ったり、農産物直売所で買い込んだ食材を使ってホームパーティをしたり。そんな休日は、湘南の風景になじむロコガールのようなカジュアルスタイルが定番です。

no. 037 VANS

スニーカー「OLD SKOOL PRO」

七里ヶ浜では自転車で行動することが多く、立ち漕ぎすることもあるので（笑）、スケートボード用にデザインされたVANSのスニーカーが活躍します。プロクラシックシリーズの「OLD SKOOL PRO」は、衝撃を和らげる「ULTRACUSH インソール」が入っていて履き心地も上々。街履きのスニーカーはモノトーンが基本だけれど、海辺のシーンでは景色にとけ込むさわやかなブルー系をセレクト。

／私物

no. 038 THE NORTH FACE

ウインドブレーカー「EXPLORATION JACKET」

ロケ撮影でも愛用している THE NORTH FACE のウインドブレーカー。機能性に優れているので、朝、愛犬のオリバーとビーチを散歩するときも万全で、小雨模様の天気でも大丈夫なゴアテックス素材。海辺で過ごす週末や郊外でのロケでは、実用性で勝るアウトドアブランドを手に取ることが多く、毎シーズン、よりハイテクに機能が進化しているので、こまめにチェックするようにしています。

／私物

no. 039 E.T.

キャラクターTシャツ

キャラクターものやロゴTは出会いなので、見つけたら迷わずに買います。このTシャツはネットで見つけました。『E.T.』は、登場する家のインテリアや子供たちのファッションが可愛くて、小さい頃にアメリカのいとこの家へ行ったときを思い出す、大好きな映画。ふわっと空を飛ぶシーンを観ると今でもワクワクするし、着るたびに初めて映画を観たときの感動がよみがえりますね。

／私物

no. 040 BAGGU × PENDLETON

コラボエコバッグ

七里ヶ浜ではレジ袋が有料のスーパーも多く、鎌倉野菜を目当てに鎌倉駅前の農協連即売所にもよく行くので、エコバッグが欠かせません。学生時代から大好きだったネイティブアメリカン調のPENDLETONとBAGGUのコラボエコバッグは、折りたためるうえ、両サイドに深いマチがあるので収納力も抜群です。お手頃価格なので、プレスの女子たちとの食事会のときなど、ちょっとしたプレゼントにも最適です。

／私物

no. 041 CP SHADES

フレアスカート

日焼け肌を手に入れたら、普段はあまり手を出さないビビッドなピンクにもトライしてみたい。Ron Herman で見つけた CP SHADES のフレアスカートはウエストがゴムでラクちんで、キレイに広がるボリューム感が可愛い。リゾートや七里ヶ浜では、ノースリーブのカットソーや T シャツに TKEES のビーサンとかごバッグを合わせて、近所のイタリアンレストランへ。私の夏のドレスアップスタイルです。

／私物

no. 042 Swatch

リストウォッチ「SKIN CHRONO」

時計はパズルで言うとラスト・ピース。出かけるときは、最後に時計を選んでコーディネートが完成します。七里ヶ浜で過ごすときのスポーティなスタイルにはクロノグラフを着けたいけれど、普通サイズのものだと私の手首には大きすぎてヘビー。現在は廃番ですがSwatchの「SKIN CHRONO」という薄型のクロノグラフなら、手首にフィットするのでTシャツに合わせても重すぎないので気に入っています。

／私物

no. 043 & 044 patagonia

キャップ＆ボードショーツ

七里ヶ浜での夏の定番スタイルはTシャツとpatagoniaのボードショーツの組合せ。海に入っても大丈夫だし、すぐに乾くからそのまま自転車に乗って出かけることも出来る。小さなポケットに小銭とたたんだお札を入れれば、バッグなしでもOKの優秀なディテールも○。キャップは、ヘアスタイルを気にせず、朝起きてすぐに日焼け止めだけ塗って散歩に行けるので、ハワイに行ったときは必ずチェックします。patagoniaのキャップは軽くてツバも長いし、私の頭にフィットするので、気に入ったデザインは迷わず即買い！

／私物

no. 045 JAMES PERSE

ジョガーパンツ「ソフトドレープパンツ WKL1730」

七里ヶ浜のセカンドハウスで過ごすとき、昼間の移動にはおもに自転車 を使っています。真冬以外は自転車で海に行って、海岸を散歩したりビーチグラスを拾ったり……。そんなとき活躍するのは、アメリカL.A. 生まれのハイクオリティなカジュアルウェアブランド、JAMES PERSE のジョグパン。ゆったりしたテーパードシルエットのジョグパンは、膝の部分にタックが入っているので動きがラクだし、長時間座っていたり寝たりしても膝がでないので、飛行機で移動するときにも重宝しています。

PRICE ／¥34,000
JAMES PERSE 青山店

懐かしい!

Rita's ファッション・クロニクル

今の定番スタイルが出来上がるまでに、どんなファッションを通過してきたか、
イラストで変遷を振り返ってみました。あの頃だから、の懐かしいアイテムも多いけど、
好みはやっぱりブレてない! ような気がします。

13歳~

両親の影響も受けて、トラッド好きの基礎が出来上がったのが高校時代。制服がなかったので、お洒落なコはみんなトラッドアイテムを通学着にしていました。決まったアイテムを色違いで揃えれば着回しもラクだし、先生にも好印象。私の偏愛志向はこの頃から始まっていた気がします。

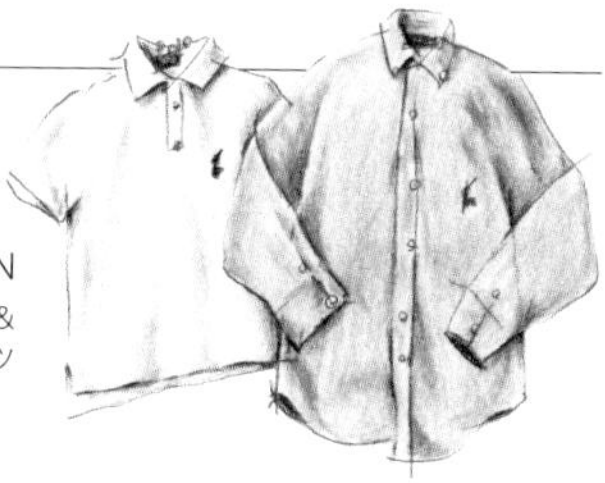

RALPH LAUREN
ボタンダウンシャツ&
ポロシャツ

REGAL
キルトタッセルローファー

TARTAN SHOP YORK
チェックのキルトミニ

18歳~

高校でも制服はなかったけどパンツスタイルは禁止。大学生になって完全に自由になり、デニムを穿くようになりました。PICCADILLYのスリムストレートにReebokのスニーカーを合わせて、片方の肩にデイパックをかけた私たちのスタイルは、当時の『JJ』では「フリースタイル」と呼ばれていました。

SAINT JAMES
ボーダーシャツ

20歳~

短大卒業後、『CanCam』でスタイリストを始めたこともあって「フリースタイル」から続く、動きやすいフレンチカジュアルがワードローブの中心でした。ファーストCartierもこの頃。両親からの20歳のお祝いに、みんなが持っていない時計がいいと「マスト タンク」を買ってもらいました。数字の入っていない黒の文字盤に黒革ベルトで、今思えば地味というか女のコっぽくないですね(笑)。

PICCADILLY
デニム

Cartier
時計[マスト タンク]

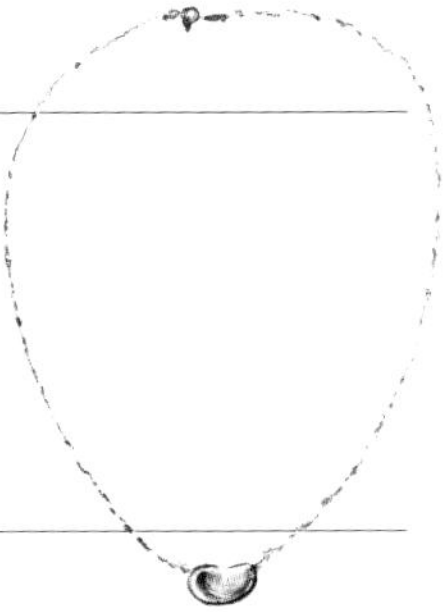

Tiffany & Co.
ネックレス[ビーン]

Reebok
スニーカー
[フリースタイル ハイ]

agnès b.
レザージャケット

25歳~

パンプスを履かない代わりに、ローファーはどれだけ集めただろう(笑)。GUCCIのビットモカシンは色違いで何足も揃えていたし、Ferragamoはヴァラが流行ってたけれど私はガンチーニを履いていました。イタカジブームもあって、EMPORIO ARMANIのジャケットやラップスタイルのミニをよく着ていましたね。

Salvatore Ferragamo
ローファー
[ガンチーニ]

EMPORIO ARMANI
ひとクセ・ミニ

GUCCI
ビットモカシン

30歳~

20代後半の頃Theoryが日本に上陸し、ボディシャツが大流行。30代に入ると、Theoryの辛口スタイルが大好きになり、パンツとシャツをマニアのように集めていました(笑)。32、33歳頃からは『ヴァンテーヌ』の仕事を始めたこともあり、LA FONTANA MAGGIOREと出会ってミラネーゼ・スタイルに傾倒。ネイビー、ブラウン、黒、グレーのミラノ配色の極め方をマスターしました。

Theory
ボディシャツ

LA FONTANA MAGGIORE
コート

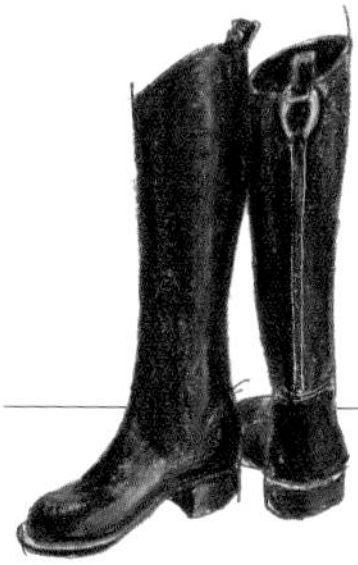

SARTORE
ライディングブーツ

40歳~

40代以降、時代の気分やシルエットは多少変わっても、好きなアイテムは大きく変わってないと思います。ただ歳を重ねるごとにメンズ志向が強くなった気が。母からHERMÈSの黒のボックスカーフのケリーバッグを譲ってもらったのもこの頃。それまでは興味がなかったけれど、カジュアルスタイルのハズしに使ったり、スニーカーやメンズライクな着こなしに合わせれば私らしいと思ってトライすることに。偏愛アイテムのCartier「タンク フランセーズ」や「タンク アメリカン」をダイヤ入りに買い替えたのもこの時期。

MONCLER
ダウンジャケット

TOD'S
バッグ

HERMÈS
バッグ[ケリー]

BARBA
シャツ

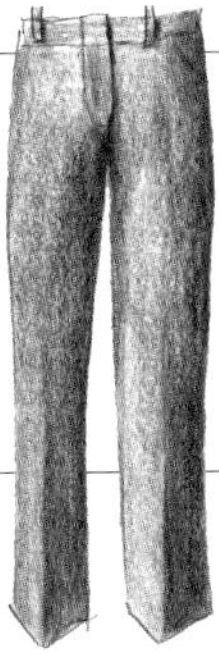

INCOTEX
パンツ

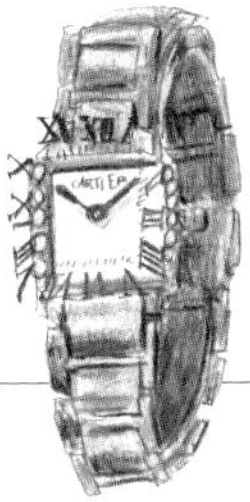

Cartier
時計
[タンク フランセーズYG×ダイヤ]

HOLIDAY

Waikiki, Hawaii

THEME：2

Travel

親孝行も兼ね
ハワイのハレクラニで過ごす休日は
実家に帰るような気分

ここ15年ほど、休暇はいつもハワイ。
自分の誕生日に絡めて、早めの夏休みをハワイで過ごしています。
定宿はハレクラニ。
旅の前半は一人だったり友達と一緒だったりしますが、
後半は母と妹との女三人旅です。
ハワイって女同士で行くほうがエンジョイできる！
唯一の親孝行として、母の費用を妹と二人で折半して——。
母を招待できるくらいの経済力がつき、
休みを取れるようになったので、
ハワイ旅を目標に日々お仕事を頑張ってます。

20年間かけて集まった「ルフトハンザオリジナル」。ターンテーブルでも決して迷いません

no. **046**

RIMOWA

スーツケース

あの軽さとキャスターの動きやすさ、頑丈さ、いかにもドイツ製の質実剛健なところが好きで、スタイリストの七つ道具を入れるお道具箱も含め、スーツケースはすべてRIMOWAの「ルフトハンザオリジナル」で揃えています。約20年前に父とヨーロッパに行ったとき、フランクフルト空港で買って以来､行き先別、用途別にサイズ違いを買い足していたらこんなに集まってしまいました。今、海外ロケではスタッフのケースがすべてRIMOWAというくらい大人気ですが、「ルフトハンザオリジナル」ならルフトハンザ・ドイツ航空のマークが付いているので人と被らないし、空港のターンテーブルでも間違えません。ケースの内側がグレーなのも気に入っています。私はスーツケースもキレイに使いたいので、空港で貼られるシールやステッカーは、帰国後すぐに剥がします。自分のシルバーのRIMOWAがずらっと並んでいるのを改めて眺めると、見事なマニアっぷりですねー（笑）。

／私物

no. 047

無印良品

パラグライダークロス たためる仕分けケース

スーツケースの中が短時間ですっきり。何年も手放せない賢い仕分ケース

きちんとするところはしてないとダメなAB型の私。スーツケースの中が整理整頓されてないと無駄な時間がかかるので、パラグライダークロスの仕分けケースを活用しています。このケースが優秀なのは、MはSの2倍、LはMの2倍の大きさでテトリスみたいにスーツケースにピッタリ収納できるところ。片面は通気性のいいメッシュ、もう片面はクロス製なので税関で開けたときも中身が見えないから恥ずかしくないし、空港で荷物を追加で入れたいときに開けても整然としてキレイ。ホテルに着いたらそのままクローゼットの引き出しに入れられるから、清潔に収納できます。LにはドレスM系、MにはTシャツ……とアイテム別に分類。たとえばSに水着とカバーアップ、日焼け止めなどをセットにしておけばホテルに到着後、すぐプールに直行できるし、Mに下着とパジャマをセットしておけば朝、シャワーを浴びるときにそれだけ出せばいい。特に海外出張のときは本当に自分の時間がないから、合理的なパッキングをするように心がけています。

PRICE／黒S¥890、 M¥1090、 L¥1,290（すべて税込価格）
無印良品 銀座
グレー／私物（現在はライトブルーを販売）

no. 048

Valextra

オーガナイザー&パース

ミニマムなデザインで必要なものが
すべておさまるから、旅がぐっと快適に

海外旅行のお供はValextraのオーガナイザー。パスポートとボーディングパスが入る大きさなのはもちろんのこと、ドルと日本円を分けて入れられる札入れと小銭入れが付いていて、カードスリットにはエアラインのマイレージカード、ホテルカード、現地の友人のネームカードのすべてが収納できます。あと私なりのポイントは、細いボールペンを必ず入れること。出入国カードを書くときにもすぐに取り出せるので便利です。オーガナイザーは、ホテルにチェックインしたら部屋のセーフティボックスにすぐ入れて、滞在中は小ぶりのパースを使用。プールに行くときはジップロックにお金を入れちゃいますけど（笑）。旅行先ではクレジットカードを使うことがほとんどなので、20ドルくらいの紙幣とチップ用の小銭が入れられれば旅行財布はこのセットで充分です。

／私物

JAPAN
PASSPORT

no. 049

SISLEY

サンケアシリーズ

太陽の下で過ごす大人に
頼りになる贅沢なスキンケアシリーズ

陽を浴びるのは大好き。さすがに顔は焼かないけれど、夏の適度な日焼けはヘルシーだし、春夏ファッションのアクセサリー代わりにもなる。私の好きな夏のコーディネートにも日焼け肌が似合うと思っています。ただし、ケアは入念に。ハワイでは、子供のように一日中プールや海で遊んでいるのでどうしても日焼けしてしまう。どうせならキレイに焼きたいから、SISLEY のサンケアシリーズを頼りにしています。なかでも“サンレイヤ”シリーズは、エイジングケア成分を贅沢に配合した美容液を兼ねたサンケア製品なので安心です。基本的には、“SP サンケア”シリーズを愛用。ハワイ初日は SPF30 のボディ用日焼け止めクリームでベースを作り、徐々に肌を慣らします。顔にはティントタイプの日焼け止めクリームが便利。紫外線をブロックしながら自然なカバー力もあるので、ファンデーションの下地として使っています。昼間もこまめに塗り直せば、一日中プールでザバザバ遊んでも OK です（笑）。

PRICE ／左から SP ソワン ソレイユ シルキー ボディ クリーム SPF30（PA+++）¥16,500
SP ソワン ソレイユ ティンティッド サンケア SPF30（PA+++）¥16,500
サンレイヤ G.E. SPF50+（PA++++）¥27,000
シスレージャパン

SUPER SOIN
SOLAIRE
Protecteur de jeunesse*
Youth protector*
CRÈME SOYEUSE CORPS
SILKY BODY CREAM
SPF 30 UVA
Haute protection
High protection
PA+++
sisley
PARIS
200 ml
6.7 FL. OZ.
SUPER SOIN
SOLAIRE TEINTÉ
Protecteur de jeunesse*
TINTED SUN CARE
Youth protector*
1 - NATURAL
SPF 30 UVA
Haute protection
High protection
PA+++
sisley
PARIS
1.3 FL.OZ.
40 ml
SUNLEŸA
G.E.
Soin solaire
global anti-âge
Prévention taches
Age minimizing
global sun care
Prevents dark spots
SPF 50+ UVA
Très haute protection
Very high protection
PA++++
sisley
PARIS

no. 050

no. 051

no. 052

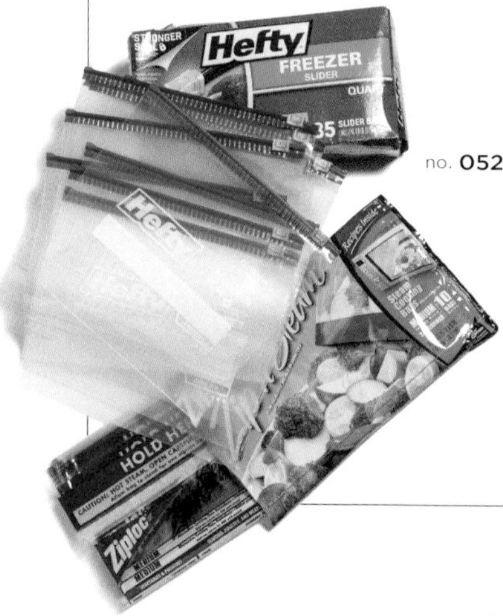

no. 053

no. 054

My favorite! 日用品はハワイでまとめ買い

no. 050 Hand Sanitizer
除菌スプレー

海外ではレストランでもおしぼりが出ないことが
多いので、 手を洗えないときは、
携帯用除菌スプレーが役に立ちます。

no. 052 Hefty フリーザーバッグ & Ziploc 調理バッグ

日本未発売のHeftyは厚手で使い勝手が良い。
Ziplocは、 茹で野菜用など変わり種も多いので
新製品が出るとチェックします。
サイズも豊富で超ビッグサイズもあるので
アイテム別に仕分けるのに便利。

no. 051 Tide
洗剤

アメリカで有名な洗剤の携帯バージョン。
毎日ホテルの洗面所で水着を洗うので、
到着した日に必ず購入。
8泊くらいの滞在で1パック使いきります。

no. 053 Downy リンクルリリーサー
no. 054 Febreze デオドラント

旅行先では洗えないニット、 ドレスなどの匂いが
気になるときやシワ取りに携帯用のミニサイズを。
トランクから出したときに使えばクローゼットも
いい香りになって一石二鳥!

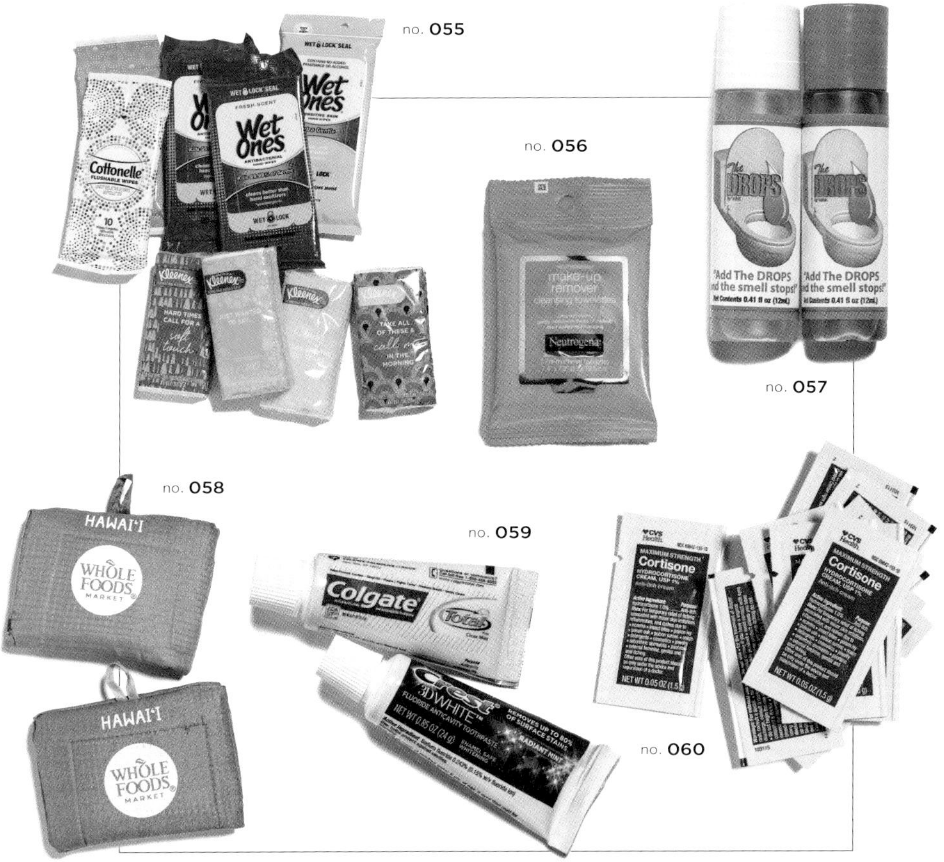

no. 055 Kleenex/Cottonelle ミニティシュー& Wet Ones ウエットティシュー

パッケージが可愛いティッシュ。潔癖症ではないけど、
常にウエットティッシュがないとダメ（笑）。
愛犬とのお散歩にも必需品です。
日本のものより厚手で大判なのも便利。

no. 056 Neutrogena ふき取り用クレンジング

着いた日に買って、滞在中に使用。
べったり塗っている日焼け止めを拭きとってから
洗顔するとさっぱり。日本のものより大判で
使いやすくて、種類も豊富です。

no. 057 The DROPS トイレ用デオドラント

日本にもあるけれど、
日本語で「トイレの臭い消し」って書いてあるより、
パッケージもキュートじゃない？（笑）

no. 058 WHOLE FOODS エコバッグ

ハワイではデパートでもショッパーはすべて有料なので、
折りたたみのエコバッグは必需品。大人っぽい色味が
可愛いWHOLE FOODSのバッグは丈夫で収納力も抜群。

no. 059 Toothpaste Colgate/Crest ミドルサイズの歯磨き粉

普段に使っているものを旅先でも使いたい。
日本の携帯サイズより量が多めで、
少し長めの旅でも余裕。

no. 060 CVS Cortisone かゆみ止めクリーム

紫外線アレルギーや蕁麻疹に効きます。
使いきりだから衛生的だし、旅に便利なサイズ。
処方箋なしでドラッグストアで買えます。

ライフスタイル全部知りたい!

リタさん、教えて!

リタさんに日頃なかなか聞くチャンスがない、
でも聞いてみたいクエスチョンを投げかけました。服の収納からご飯のお供まで、
Ritaテイスト満載のアンサー発表します

no. 061

／私物

Q.

今も変わらず、長く愛用しているものは?

25歳の頃から使っている、Tiffany & Co.の「ダイヤモンド バイ ザ ヤード」のペンダント。当時よくロケに行っていたハワイで、最初はYG、次にWGを購入。色々なジュエリーとも重ねられるし、いくつになってもどんなシーンでも着けられる。まさに名品。永遠のベストセラーだと思います。

Q.

愛用しているインナーはありますか?

アロマティックカスカのブラキャミソール。CELINEのタキシードシャツを着るとき、ブラとキャミソールを重ねるともたつくのが嫌だなあと思って探したシェルフロントです。普通のシャツは一枚で着ちゃうけど、糸の番手が高くて薄く繊細な生地のドレスシャツや甘めのコットンブラウスを着るときの透け防止にも便利です。ブラのフィット感はもちろんですが、グレージュなど、いかにも肌着っぽくない絶妙な色もお気に入り。

no. 062

PRICE／ブラック、アッシュ各 ¥20,000
ともにアロマティックカスカ／CASUCA 表参道店

Q.

CONVERSEも長く
愛用しているそうですが、
今のお勧めのモデルは?

ここ2、3年、ヘビロテしているのは「チャックテイラー CT70」。ややシュッとしているシルエットと’70年代風のクラシックなディテールが好きで、ロケのときや休日によく履いています。キャンバス地だから軽いし、履き心地もバツグン。お手頃価格だから汚れたとしてもリピートしやすいのも嬉しい。

no. **063**
／私物

Q.

服が迷子にならない、
クローゼット収納の
コツはありますか?

ニットとデニム以外はハンガーラック収納が基本。年2回のシーズンの変わり目には、スタメンの1軍ラックと2軍ラックに服を分けます。1軍ラックには新しく更新したものや今シーズン必ず着るというパンツ、ジャケット、ワンピ、シャツ、2軍ラックには1、2年経ったものをかけます。たとえば色落ちしやすい黒Tシャツや毛玉のできやすいカシミアニットなどは気に入ると同じものを複数買いするので、その状態の違いで1軍と2軍に分けて。またベーシックアイテムも約2～3年でシルエットが変わるので、もう今シーズンは着ないと思う服は袋に収納します。必要なときは袋から出すけれど、たいてい着ないのでシーズンが終わったら寄付に出すなどしてリサイクルしています。

Q.

リタさんがいつも着けている
ジュエリーがあったら
教えてください。

右手首には、名前を彫ってもらったCartierの「IDプレートブレスレット」YG、「LOVEブレスレット」YG×フルダイヤとPG、Tiffany & Co.の「メトロ ヒンジ バングル」WGの4本を着けています。イタリアのマダムたちがバングルやチェーンブレスを自由に重ね着けしているのに憧れて、常に着けっぱなしにしている“スキンジュエリー”です。

no. **064**
／私物

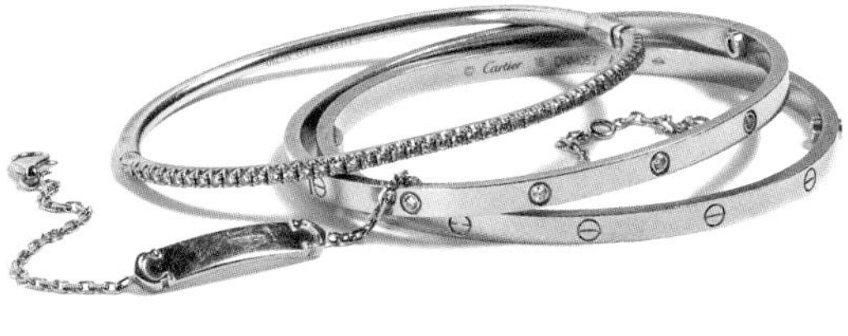

Q.

お気に入りの写真集は
ありますか?

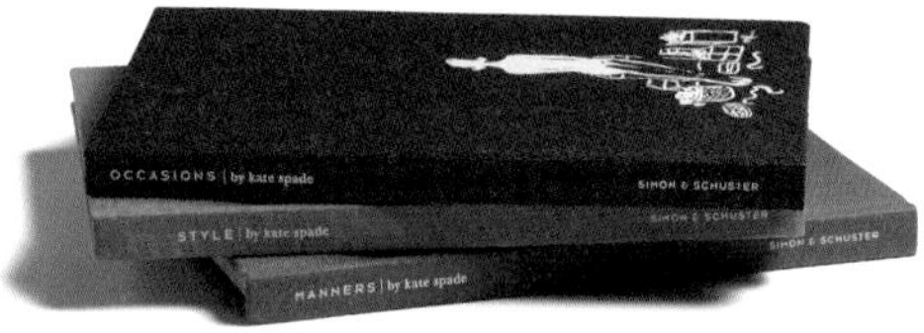

no. **065** ／私物

見てるだけで楽しい kate spade のマナー本。以前はケイトのかごバッグが大好きで集めていたほど、私自身の嗜好やファッションスタイルと通じるものがたくさん載っているのでワクワクします♡

no. **066** ／私物

1960 年代のソーシャライツやセレブリティの日常を撮影したフォトグラファー、スリム・アーロンズの写真集。芸能人じゃない富裕層のクラシックなファッションやインテリアなどは、コーディネートを組むときのインスピレーションにも。色使いもキレイで可愛い。

Q.

真夏のロケの
お助けものは?

no. **067** ／私物

酷暑のアウトドアロケのときは「ハッカ油」を必ず携帯します。これをスプレーすれば、一瞬でスーッと涼しくなる。香料として飲み物にも入れられるものだから、肌に直接スプレーしても安心だし、香りもさわやかで不快感を与えません。

no. **068** ／私物

山奥とかネイチャー系のロケ場所に行くことも多いので、虫よけは必需品。でも普通の虫よけスプレーは白くなるのが苦手。この「アウトドアスプレー」は植物由来の蚊よけで、アロマオイル感覚で使えます。さわやかなハッカの香りで、ロケバス内でもスプレーできる。愛犬オリバーの散歩に行くときも欠かせません。

Q.

行きつけの美容室は
どこですか?

カット&ブローはボブスタイルのアレンジが上手なABBEYの小田嶋信人さん。グラデーションをつけた立体的なボブカットがブローしやすくて気に入っています。カラーリングはuka恵比寿三越店の宮城亜耶乃さんにお願いしていて、基本はお任せ。アッシュ系のカラーでハイライトを入れてニュアンスを出していただいてます。

ABBEY
港区南青山5-7-23 始弘ビル2F
平 日 11:00~21：00　土 10:00 ~ 19:30
日祝 10:00 ~ 18:00
月曜、第2,3火曜定休
Tel : 03-5774-5774

Q.

好きな
インテリアショップは?

「B&B Italia」。上品でモダンなデザインとグレーやベージュトーンの絶妙な色使いは、さすがイタリアならではのものですね。好きというより憧れです（笑）！

B&B Italia Tokyo
港区北青山2-5-8 青山OM-SQUARE1, 3F
11:00 ~ 18:00 水曜定休（祝日を除く）
Tel: 0120-595-591 / 03-3478-3837

no. **069**

GEL COLOR BY O·P·I
〈左〉GCE41〈右〉GCL87
／オーピーアイジャパン

Q.

ネイルサロンはどこですか?
お気に入りのカラーは?

3週間に1回、uka恵比寿三越店でヘアのカラーリングと一緒にネイルもチェンジしています。手はベージュ系、足はボルドー系の赤のジェルカラーがほとんど。いつも派手ストーンなどは付けないシンプルなデザインをオーダーします。

uka 恵比寿三越店
渋谷区恵比寿4-20-7 恵比寿三越1階
10:00 ~ 20:00　不定休
（店舗休業日は恵比寿三越に準じます）
Tel:03-6450-4306
（電話受付時間：9:30 ~ 20:00）

Q.

美食家のリタさん、
好きな"ご飯のお供"
ありますか?

no. 070

／私物

さわやかな辛みが美味しい「純胡椒」。仕事仲間からいただいたものですが、ステーキにちょこっとのせても、ご飯に混ぜ込んでおにぎりにしても美味しい。

no. 071

／私物

「はれま」のチリメン山椒はフレッシュな実山椒がたっぷり入っていて、よだれが出るほどしびれる感じが好き（笑）。甘くないところも気に入っています。最近は都内の百貨店などでも手に入れやすくなりました。

Q.

定番の手土産は?

「GENDY」のザ・プレミアム ビターキャラメルバー。1日限定50箱のハンドメイドのキャラメルバーは食後酒のお供として男性にも女性にも喜ばれるので、ホームパーティーにおよばれしたら、すぐに予約を入れます。シガーやコーヒーにも合う大人の味で、持ち歩きしやすいボックス入りなのも高ポイント！

no. 072

PRICE ／ 1 dozen
¥6,000
GENDY 青山

no. **073**

／私物

Q.

料理の参考にしている
レシピ本はありますか?

dancyuの『パスタの本。』は、よく行くレストランの有名シェフたちが惜しみなくレシピを公開しています。『arikoのごはん』は家にある材料でパパッと手軽に作れるのが嬉しい。お料理の初心者でもわかりやすいのでお勧めです。

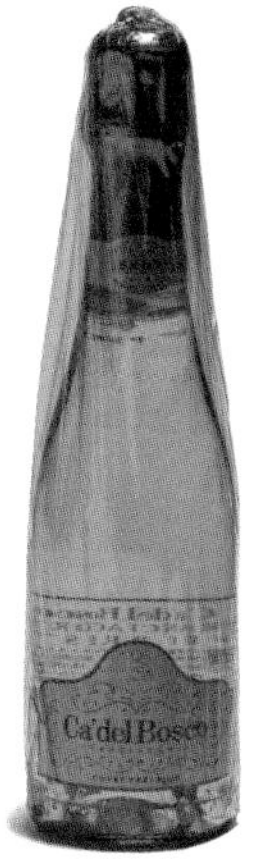

no. **074**

フランチャコルタ／
フードライナー

Q.

家飲みで常備している
お酒はありますか?

フランチャコルタのスパークリングワイン「カ デル ボスコ」のハーフボトル。お中元に1ケースいただいてハマりました。パートナーと二人で飲むアペリティフにピッタリの量です。ハーフサイズで美味しい泡ってなかなかないけど、これは本当に美味しい！

Q.

会食の多いリタさん。
お酒と上手く付き合う方法が
あれば教えてください。

友人に勧められた液体サプリメント「ソイクリア」を二日酔い防止のために飲んでいます。天然発酵成分100%なので安心。

no. **075**

PRICE ／1本入り ¥2,500
4本入り ¥10,000
日美

PREMIATO PASTIFICIO
VI CI DO MI NI
Pastai dal 1812
4xELLY

THEME：3

My favorites

妥協するのが嫌いな私が選び抜いた
「使い心地がいいもの」エトセトラ

私の偏愛っぷりはファッション以外においても遺憾なく発揮されていて、
キッチンクロスひとつをとっても妥協して選ぶのが嫌いだし、
実用性がないと「心地よくない」。
たとえば雑貨は、ドイツの航空会社に勤務していた父の影響もあって
質実剛健で機能的なドイツ製のものが多く、
食べることが大好きだから食に関してはなおさら適当には選べない。
そんな私が愛用しているもの、
使い心地がいいものをご紹介します。

no. 076 BALMUDA

スチームトースター

スチームテクノロジーと温度制御で、表面はカリッと中はふっくら焼き上がるトースター。外側が焦げて中は冷たいなんてこともなく、冷凍のパンも中までしっかり温まる。グラタンの表面がカリカリに焼けるパワーがあり、フライの温めや、リベイクも上手にできるのでもう手放せません。5つのモードのなかでもチーズトースト・モードは毎回失敗なく上手に焼けるので感動！　専用の5ccカップをマグネットクリップに掛けておけば、使い勝手も最高です。(マグネットクリップは私物)

PRICE ／ BALMUDA The Toaster　¥22,900
BALMUDA

no. 077 IKEA
キッチンクロス

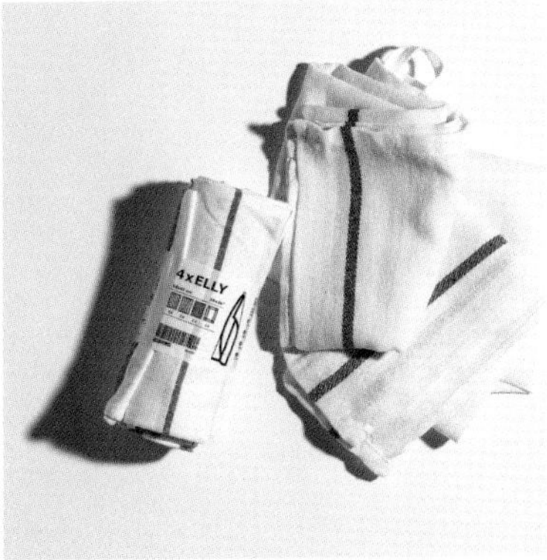

いつも清潔に使いたいからプチプラなクロスを愛用。汚れが目立ってきたら惜しみなく捨てます。赤のライン入りは柔らかいのでグラスや食器のふき取りに、青のチェックは調理中の手ぬぐいに使っています。

／私物

no. 078 Jars
器

今は販売終了になったカラーですが、色合いがキレイで和洋中なんにでも。この食器に盛り付けるとお洒落にみえるので、大皿は七里ヶ浜の家でお客様を招いたときによく使っています。

／私物

no. 079 山田平安堂
重箱

漆器のボウルをいただいたのがきっかけで、お正月のお重を購入。六角形が可愛いと思ったけど、詰め方は少し難しい（苦笑）。ふたが取り皿になって重ねられるのがポイントです。

／私物

no. 080 Tupperware
保存容器

デッドストック状態で、ずっと実家にあったTupperware。'70年代の色合いが好きで、母から譲り受けて使ってます。色が可愛いので、キッチンに並んでいるだけでも気分がいい♪♪♪

／私物

no. 081 Delfino

魚醤

カタクチイワシで作られたイタリアの魚醤。アンチョビのソースみたいなもので使い勝手バツグン！　ナンプラーより匂いにクセがなくて風味がいい。オリーブオイルとこの魚醤を混ぜて乳化させ、白身魚のカルパッチョのソースにしても美味しいし、シラスのパスタやアーリオオーリオにちょっと足すだけでもぐっと味が締まります。イタリア製らしくボトルもオシャレ。常にリピート買いしている調味料です。

Colatura di alici ／私物

no. 082 Zavalloni

白ワイン

よく行くイタリアンレストランでハマった白ワイン。ブドウのよくできた年だけ作るという少量生産の希少なものです。アルヴァーノ種でどっしりしていて魚にも肉にも合います。

Amedeo Bianco 2016／私物

no. 083 VICIDOMINI

スパゲットーニ（太さ2㎜）

太麺なのでゆで時間は長いけど、もちもちの食感でソースのからみもいい。ゆで汁がとろっとして乳化しやすいので、ペペロンチーノを作ると料理の腕が上がった気がします。

／私物

no. 084 山利

釜あげしらす

お歳暮にいただいたのがきっかけ。ふっくらとした炊き上がりで塩がききすぎない上品な味わいで本当に美味しい。炊き立てご飯で食べるのが最高。木箱入りなので贈り物にも。

PRICE／900g　¥3,500
特上釜あげしらす／私物

no. 085 No.1 CHEESECAKE

No.1チーズケーキ

小麦粉、白砂糖不使用で、グルテンフリー実践中の方にも勧められるチーズケーキ。ベイクドタイプなのに中はトロリとクリーミィ。グラッパとも相性抜群で、塩を振って食べます。

PRICE／¥5,000（送料込み）
No.1 CHEESECAKE

no. **086** Aēsop

ハンドウォッシュ＆ボディクレンザー

植物由来成分のハンドウォッシュには微粉砕された軽石が入っていて、気持ちよく優しく洗えて、ゴマージュのように角質も除去してくれます。洗った後は手肌がツルッとすべすべに。ボディクレンザーは、コリアンダー種子とブラックペッパーのスパイシーでしゃきっとした香りが好き。さっぱりスッキリした洗い上がりも気に入っています。

PRICE／レバレンス ハンドウォッシュ 500mℓ　¥4,300、
コリアンダー ボディクレンザー 500mℓ　¥4,700
ともにイソップ・ジャパン

no. 087 uka
ヘアスタイリングウォーター

私の髪質は猫っ毛なので、ボリュームを出すために毎日使っているヘアスタイリング剤。髪の根元にスプレーして揉み込んでからドライヤーで乾かすとふっくらと立ち上がります。

PRICE ／セラムウォーター フレックスボリューム 100mℓ ¥3,000
uka Tokyo head office

no. 088 BARAKA
バスソルト

体が芯から温まるバスソルト。冬の極寒ロケや夏の冷房で冷えたときなど、一年中愛用。死海から採った塩を使っていて、天然100%の無香料なので好きなアロマオイルを足して使うことも。

PRICE ／ジョルダニアン デッドシー ソルト 500g ¥4,200
BARAKA

no. 089 Jo MALONE
ボディクレーム&コロン

香りをレイヤードするのがJo MALONEの特徴。違う香りを重ねて、自分だけの香りを作れるのが楽しい。その日の気分によって、ボディクリームは使い分けています。

PRICE ／イングリッシュ ペアー & フリージア ボディ クレーム、ネクタリン ブロッサム & ハニー ボディ クレーム各 175mℓ 各¥11,000、 ワイルド ブルーベル コロン 100mℓ ¥16,000
すべてジョー マローン ロンドン

no. 090 GROWN ALCHEMIST
ハンドクリーム

クリームタイプの手肌用の美容液。なじみの良いテクスチャーで奥まで潤いが浸透し、ベールに包まれたように手の小じわが目立たなくなる。初めて使ったときは感動しました。

PRICE ／エイジ サイエンス ハンドセラム 40mℓ ¥4,500
BIOTOPE INC.

no. 091 DR. VRANJES

ディフューザー

DR. VRANJESは、イタリア・フィレンツェ発の自然派フレグランスとコスメティックのブランド。そのディフューザー「ACQUA」は、海辺に似合う香りとブルーの色が気にいって、おもに七里ヶ浜の家で使っています。"R"のポップアップショップでも、私らしい世界観を表現するために、必ずこのACQUAをディスプレイしているほどお気に入り。

PRICE ／ 500mℓ ¥13,000
ドットール・ヴラニエス ジャパン

no. 092 MAWA
ハンガー

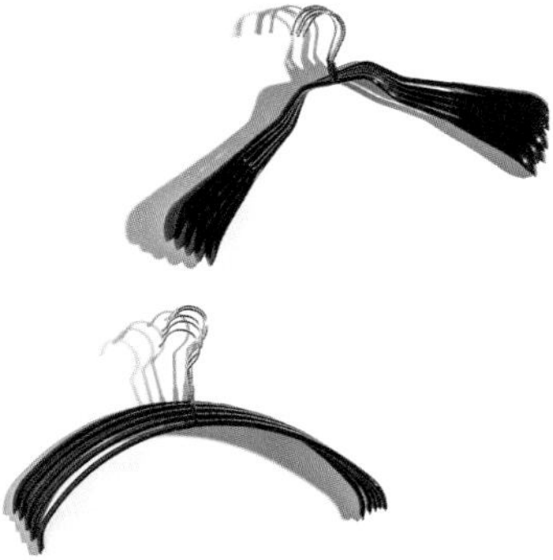

ドイツ製のすべり落ちないハンガー。ジャケットやアウター用にボディフォーム42を、シャツ用にエコノミック36を使っています。ハンガーを統一するとクローゼットもすっきりとした印象に。

／私物

no. 093 Ron Herman
ルーム＆リネンスプレー

展示会のお土産でいただいたのが出会い。男女ともに心地よく感じられるように調合したそう。ジャスミン配合の落ち着いた香りで枕やシーツにスプレーすると気持ちよく眠れます。

PRICE ／ Over The Moon　120mℓ　¥3,800
ロンハーマン

no. 094 Santa Maria Novella
ポプリ

「ポプリ」は玄関に、「テラコッタ ザクロ」はトイレに置いています。香りを浸み込ませた素焼きのザクロは、テラコッタが香りをゆっくりと放つのでフレッシュなまま長持ちします。

PRICE ／テラコッタ ザクロ　¥9,460、ポプリ 100g
¥4,840〈ともに税込〉
ともにサンタ・マリア・ノヴェッラ銀座

no. 095 BRAUN
アナログ アラームクロック

旅先や洗面所で使っている時計。コンパクトで壊れにくく、取り扱いもシンプルでわかりやすい。15年使っている私物は廃番ですが、幼い頃から家にあったので馴染みがあります。

PRICE ／〈右〉「BC02B」¥4,300
アイ・ネクストジーイー
〈左〉／私物（現在は廃番）

no. 096 鳩居堂

ポチ袋

プレスの方に購入品の代金を立て替えていただいたときなど、ちょっとしたお金のやり取りをするときに使っているのが鳩居堂のポチ袋。小ぶりのサイズ感で使い勝手がよく、柄は古風なのに色はモダンで可愛いところが気に入って、常に何種類か用意しています。何も書かずに渡せば受け取った人が再利用もできてエコにも貢献。新柄が発売されるとつい買ってしまう、10年以上の愛用品です。

／私物

no. 097 坂田文助商店

扇子

そろそろ大人としての扇子が欲しいなと思ってたときに見つけた扇子。クラシカルでいてモダンなところが気に入っています。縁は白、フサはグレージュを選んでオーダーしました。

／私物

no. 098 JASON MARKK

スニーカークリーナー

東急ハンズのマイスターに勧められた98％天然由来の洗剤。Golden Goose など白いスニーカーはなるべくキレイに履きたいので愛用。ビックリするくらい新品同様になります。

／私物

no. 099 HERMÈS

シルバーキーリング

25年ほど前からずっと使ってる「自分ヴィンテージ」もの。シルバーの質感と適度な重さが使いやすいしイルカも可愛い。Hには車の鍵、イルカには海辺の別荘の鍵を付けてます。

／私物

no. 100 Dr. Beckmann

シミとりステインペン

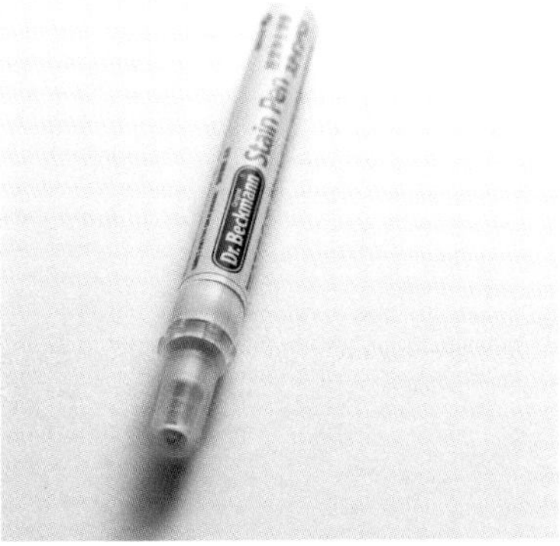

プライベートでも仕事でも使っているドイツ製のシミとり。プラスチックのペン先で叩くと、あて布にシミが移ります。パスタソースやオイルにも対応できました。東急ハンズで購入。

／私物

THEME：4

My History

INTERVIEW

ずっと大好きなスタイルがある。
それが私の歴史であり、現在形

子供時代に刷り込まれたファッションの原風景。
「服育」をみっちり仕込まれた女子校の日々。
好きなテイストを仕事に表現し始めた20代……
リタさんが現在のリタさんになるまでの
とっておきの話を聞かせていただきました。

制服のない一貫校で育ち
「質実剛健」な父に学んだこと。
トラッドがお洒落の基盤です

私が育ったのは、いわば海外との距離感が近い家庭。父はドイツの航空会社勤務、叔父はカナダ移住、叔母はアメリカに嫁いでいて、物心ついた頃から、自然と外国文化になじんでいました。アメリカの従姉から送られてくるお古は当然インポートものだし、初めてのお人形ごっこはリカちゃんじゃなくてバービーちゃん。でも当時、私はリカちゃんが欲しかったので、5年前にコラボのお話をいただいたときは、やります！ってふたつ返事（笑）でOKを。リカちゃんの服をディレクションすることで、“食育”ならぬ“服育”ができればいいな、ひとりでもお洒落な女の子が増えればいいなと思ったのもお引き受けした理由のひとつ。というのも、私は小、中、高、短大と制服のない私立の女子校に通い、そこで学んだことはまさに“服育”だったなと感じていたからです。学生らしい清潔感があって、華美でもなく高価でもなく、でも上質で着回しが利くベーシックな服を選ぶこと、キャンプやハレの日のクリスマス礼拝には何を着るべきかというTPOも学びました。

トラッドを着始めたのは小学校3、4年生くらい。母が選んだVANの子供服を自分でも好んで着ていました。お洒落に目覚めたのもその頃。どうしても欲しかった編み上げブーツをサンタさんにお願いしたのを覚えています。でも幼稚園の頃に中がギンガムチェックのバスケットを持ってウキウキしていたときから、お洒落好きははじまっていたのかも。私の父はなにしろ質実剛健なドイツ気質の人だったので、小学生の頃から父と一緒に靴を磨いていたし、キチンと片付けをしないと叱られる。毎日アイロンでプレスをする、スーツは一晩干してからクローゼットにしまう、ネクタイのシミはベンジンで叩いて落とすなど、母任せにせずすべて自分でお手入れしていた父。メンズのこだわりなど、お洒落の基本のキは父の姿を見て学んだと思います。

『JJ』の読者モデルから『CanCam』の記者に。恩師との出会いで“スタイリスト髙橋リタ”が誕生

小学校の頃は体が弱くて人見知り。最初は女子校になじめなくて、神経性胃炎で入院したこともあるような子供でしたが、高校生になってからは歴代の派手な先輩たちが集まっているアナウンス部に入部。制服はなかったけど、みんなでお揃いのチェックのスカートやオリジナルのスタジャン、ウインドブレーカーを作って“制服ごっこ”を楽しんでいました。高校３年のとき、先輩の紹介で初めて読者モデルとして『JJ』に登場し、短大に進学してからは毎月のようにファッションスナップが掲載されるように。当時、女子大の子はワンレンヘアでボディコンを着てるような子が多かったけど、私は『JJ』が“フリースタイル”と名付けたカジュアルでヘルシーなスタイルが気に入ってました。

短大在学中に『CanCam』の編集者を紹介されていたこともあり、卒業後は、読者に近いスタッフを探していた『CanCam』編集部に誘われて記者の第一号になりました。実は広告代理店の契約社員として就職することが決まっていたんですが、母に相談したら「OLは今じゃなくてもできるんだから、『CanCam』をやってみたら」と背中を押されて——。編集者にはライターとスタイリストどっちがやりたい？と聞かれて、どっちもやったことないからわからないと答えたら、なんと両方やらせていただくことになりました。最初の仕事は、別冊のインポートセレクトショップ図鑑。ショップの選択からアイテム選びまで任されて、ひとりで取材と撮影をして原稿も書きました。またスタイリストとして読者モデルのコーディネートを組んだり、プロのスタイリストが組んだコーディネートをチェックしたり——。プロに向かって「こんな服、着なーい！」など、今思うと恐れ多いというか申し訳ないというか、大変失礼なことを言っていたと思います（汗）。

『CanCam』では、まさに愛のあるスパルタ教育でとても厳しく育てていただきました。原稿も細かくチェックされて、入稿も校了の仕方もすべてたたき込まれました。でもそのおかげでページ構成ができるよう

になって「リタ・ベーシック」も生まれた——。社員じゃないフリーの私を愛情たっぷりに根気強く育ててださった編集の方には、感謝の気持ちしかありません。後に『CanCam』『Oggi』の編集長を務められたその方は、私の恩師であり私の師匠です。今でも年の瀬にご一緒させていただき、仕事やプライベートの相談をすることも。私の強みも弱みもいちばんよくご存知なので、厳しい意見もズバッと言ってくださいます。その後、長谷川理恵さんが『Oggi』の表紙モデルを務めることになったときは、そのスタイリングを私が担当する大役が。それと同時に、Oggiで「リタ・ベーシック」の原点となる連載ページを始めることになりました。たぶん、スタイリストが名前を出してページを構成するハシリだったと思います。

ある意味、異種のスタイリストだった私。「リタ・ベーシック」を極めた結果ますます偏愛志向に

『CanCam』を始めた頃もそれ以前も、スタイリストといえばモードなファッションが主流。当時は、専門学校を卒業したプロの方々がほとんどだったので、私のような素人が提案するベーシックなコーディネートがスタイリストとして仕事になるとは思いませんでした。専門学校で学んでないし、誰かに師事したこともなかったからコンプレックスもありました。“リアルクローズ”という言葉が時代を席巻してからは変わってきたけれど、昔はアパレルメーカーやブランドのサンプルも普段着る服とはかけ離れたものが多く、『CanCam』には貸せないというプレスもあったので、私がリースするのはおもにセレクトショップ。学生時代からお世話になっているビームスやシップスは、実際に買い物やバイトもしていたのでなじみがあったし、ベーシックで上質なインポートものが並べられたリアルクローズのそのものでした。

スタイリストとしての仕事に自信がもてたのは、『Oggi』で「リタ・ベーシック」を始めてから。前述の『Oggi』の編集長が私をプロデュ

ースした「リタ・ベーシック」というスタイルは、私のバックグラウンドや私自身の私服も含め、読者に支持され愛されました。また、13年間の長期連載で「好きなもの」を追求し続けた結果、私自身も自分のスタイルを俯瞰して、整理して、言葉にできるようになりました。その結果、こんなに偏愛になってしまったんですね（笑）。

女性誌でのスタイリングと
ブランドとのコラボや“R”でのもの作り。
両面で表現していきたい

2018年に『Oggi』を卒業しました。現在、女性誌ではおもに『Precious』（プレシャス）でお仕事をさせていただいています。ハイブランドを扱うことが多い雑誌ですが、今までのスタイルを取り入れつつ、リアルクローズな着こなしを提案するページを担当しています。私自身、実際にハイブランドの服を着ることもあります。ハイブランドならではの、構築的で美しいシルエットや上質な素材など、気に入って偏愛しているアイテムもたくさんありますが、着ていて心地よいこと、シーンレスなこと、実用的なことというリアルクローズの考え方は変わりません。すべてのハイブランドを取り入れるわけでもないし、シーズンによってはスルーすることもあります。またハイブランドをリースするときは、ルック（コーディネート）を崩せないのが基本ですが、私らしいスタイリングのためにコーディネート変更の提案はしてみます。ただルックどおりに借りてくるのであれば、私である必要はないと思って（笑）。ハイブランドを「リタ・ベーシック」に落とし込んだようなスタイリングは、ありがたいことに『Precious』でもたくさん反響があり、うれしいことに読者の方にもご支持いただいています。

スタイリングのお仕事をしている一方、様々なアパレルやブランドとのコラボアイテムを作る機会もあります。私がディレクションしているブランドの“R”は、オンワードの“23区”とコラボさせていただいたのがご縁で始まりました。私の好きなもの、今、着たいものをコンセプ

トに、1 ミリ単位で調節したシルエットや素材感、色合い、ちょうどいいトレンド感など、こだわり尽くしたアイテムを作っています。今まで、同じパンツを色違いやレングス違いで何本も買うなど、偏愛して投資してきたことは無駄じゃなかったと“R”のもの作りのなかで実感しています。すべての私のこだわりを、プロのデザイナーやパタンナーの方々が愛をもって実現してくれている“R”は私そのものです。すでに 10 年以上、一緒にもの作りをしているチームはいまやファミリーのようです。

私のこだわりは
好きなスタイルを表現すること
ハッピーに毎日を過ごすこと

今後も女性誌でのスタイリングと同様に、好きなもの作りも続けていきたいと思っています。きっと私はモード誌のお仕事には呼ばれないと思うし（笑）、自分が着られないコーディネートもできません。たまにメンズ誌のスタイリングをするのは、私がコーディネイトをつくる女性の隣にはこんなスタイルの男性がいてほしい、又はこんな男性が好き♡という理想のコーディネートが作れるから（笑）。

たぶん私にとっては職業･スタイリストというより、私の好きなもの、好きなスタイルを表現することがたまたまスタイリストと名の付くものだったんですよね。私は自分の世界とかけ離れたスタイリングはやらないし、やれないし、やりたくない。いつか私のスタイルが必要とされなくなったならスタイリストはできないと思うけれど、そのときはこの仕事に固執もしたくない。そうなったら何をしようかな、とりあえず海辺で暮らしたいかな（笑）。海辺の町で小さなセレクトショップやカフェを開くのもいいし、もしかしたらペットシッターをやってるかもしれない（笑）。私って、昔から将来に関してのビジョンがまったくないタイプなんです。今年の抱負とかもなくて、今までの人生、ずーっとそうでした。今、やれること、できることを精一杯にやって、毎日がハッピーに過ごせたらいいなあって思う。それだけなんです。

お仕事仲間に聞きました!

リタさんの「素敵な偏愛」

日頃リタさんとお仕事している仲間の皆さまに、
リタさんの並々ならぬお仕事やプライベートにおける「偏愛」目撃談を語っていただきました。
素敵なコーディネートの裏には、こんな納得のエピソードが!

ベーシックが好きという言葉はよく耳にするけれど、
リタさんは、その皆が言うベーシックの形を作った。
コンサバというよりはニュートラディショナルだ。

フォトグラファー　長山一樹さん

1.5cm! 3cm! と正確に言い当て、**ミリ単位のブレも見抜いてしまう正確な EYE メジャー。**生地の値段や混率を見ずにいちばん上質な素材を感触だけで判別する、精密な手。トレンドに流されず、トレンドを取り入れるさじ加減――。リタさんのスタイルは、寸分の狂いもないバランス感覚が生み出しているということをいつも感じます。1つ1つの洋服としての美しさはもちろん、それらをコーディネートしたとき、随所に“リタさんらしさ”がはっきりと現れます。同じデザインの同じカラーのパンツを、合わせる靴によってレングス違いでお持ちになるほど、**絶対的なバランス感覚**にいつも圧倒されます。

リタさんがディレクターを務める“R”デザイナー　石原香緒里さん

初めて会ったのは13年前。リタさんとの撮影では早朝遠出のロケが多く、いろいろな所に行かせてもらいました。**ロケバス人生で何度も早朝集合の記録を塗り替えてきた**のは、リタさんの仕事です。それも早朝の光のキレイな時間で最高の作品を作りたいという偏愛でしょうか。好きなおにぎり屋さんが見つかるとずっとそこをリクエストします。とにかく犬が大好きで**撮影中に犬が通ると必ずにやけて撮影そっちのけ**になります。「家のテレビはネットにつながらないタイプだ」と話すので「新しく買い替えては?」と言ったら、「SONYのこの時代のこのデザインが好きだから嫌だ!」と言われたときも**ブレない偏愛**を感じました。

ロケバスPLAY　廣瀬武志さん

女性誌の『Oggi』で「リタ・ベーシック」の連載をしていた頃、“リタ”と名の付くページには**責任と情熱とこだわり**を持っているから、毎回、一緒に1日がかりでロケハンをさせられました（笑）。朝の9時から16時まで、エリアを決めてしらみつぶしにロケ場所の店を回るので、僕は**「ローラー大作戦」**と言っておりました（笑）。

フォトグラファー　水田 学さん

コンバースを買いに行ったとき、同じ型、同じサイズの在庫を何足も並べて見比べていたリタさん。何をしているのかと思うと**「それぞれ顔が違う！」と、つま先のラバーの形や幅感を吟味**していました。仕事はもちろん、プライベートでも、その見る目とこだわりは人一倍。喫茶店で「いつもの！」と注文して当たり前にコーヒーが出てくるような、憧れた大人のように、リタさんにはブランドごとに「いつもの！」と借りにいくアイテムがあり、**たった4文字で自分のスタイルが伝わる**ってかっこいいなと思っていました。

スタイリスト　槙 佳菜絵さん
（元アシスタント・2014年より5年間師事）

リタさんと最初にお仕事をさせていただいたのは、かれこれ10年ほど前。それ以降、幸せなことに数多くご一緒させていただく機会に恵まれています。リタさんのスタイリングがすごいのは、**最初の頃に担当していた誌面を今見ても、全然古く感じないこと**。もちろん毎年アップデートされているのですが、当時のスタイリングで街中にいても古くない…いや、やっぱりおしゃれ！なんです。それはリタさんのスタイリングが「ぶれない嗜好」と「類い稀な審美眼＝偏愛？」によって作られているからだと思います。

エディター　渡邊和泉さん

リタさんとは20年弱、仕事をご一緒しています。私が駆け出しの頃からずっとしごいてもらっていて、**撮影では今もなかなかOKがでません（笑）**。リタさんはファッションはもちろんですが食にもこだわりがあって、**撮影時のランチを選ぶとき、何でもいいと言ってるわりには何でもよくない（笑）**。食べ物にもかなりの偏愛を感じます。だいたい麺がいいって言うのですが、デリバリーでは麺がいちばん難しいので困っています（笑）。私とは食べ物や服の好みは違いますが、実はああ見えてリタさんも私も人見知り。人見知り同士、いつも楽しくお仕事をさせてもらってます。

フォトグラファー　佐藤 彩さん

Epilogue

私の１冊目の本
『リタ的ハッピー・クローゼット』から10年近く。

変わっているようで変わっていない
変わっていないようで変わっている――
変わらない頑固さと変われるしなやかさ。

今の私のライフスタイルと気分、
時代の流れを意識してアップデートした
アイテムやワードローブをまとめたら、
自分らしいバランスの「偏愛」リストが完成しました。

この本をお手に取ってくださったみなさまが、
私は私のままでいい♡
そんなワクワクする自信を持って、
毎日のファッションを
楽しんでいただけたら嬉しいです。

SHOP INDEX

あ	アイヴァン 7285 トウキョウ	03-3409-7285
	アイヴァン PR	03-6450-5300
	アイ・ネクストジーイー	03-5496-4317
	アマン（il Sandalo of Capri）	03-6805-0527
	アマン（PELLICO）	03-6418-5889
	ISETAN SALONE 東京ミッドタウン	03-6434-7975
	イソップ・ジャパン	03-6434-7737
	uka Tokyo head office	03-5843-0429
	ウノアエレ ジャパン	0120-009-488
	ウールリッチ 青山店	03-6712-5026
	エスケーパーズオンライン	03-5464-9945
	エリオポール代官山	03-3770-6438
	エルディスト	044-387-4930
	LVMH ウォッチ・ジュエリー ジャパン 株式会社 ゼニス	03-3575-5861
	オーピーアイジャパン	03-6632-4432
	オンワード樫山 お客様相談室	03-5476-5811
か	CASUCA 表参道店	03-5778-9169
	クリスチャン ルブタン ジャパン	03-6804-2855
さ	サンタ・マリア・ノヴェッラ銀座	03-3572-2694
	ジェイエムウエストン 青山店	03-6805-1691
	ジェームス パース 青山店	03-6418-0928
	GENDY 青山	03-6712-6890
	シスレージャパン	03-5771-6217
	ジミー チュウ	0120-013-700
	ジャンヴィト ロッシ ジャパン	03-3403-5564
	ショールーム セッション	03-5464-9975

	ジョー マローン ロンドン お客様相談室	0570-003-770
	スローン	03-6421-2603
た	TASAKI	0120-111-446
	チンクワンタ	050-5218-3859
	デザインワークス ドゥ・コート　六本木ヒルズ店	03-5786-9831
	ドゥロワー 六本木店	03-5786-4844
	ドットール・ヴラニエス ジャパン	03-6427-0350
	トレメッツォ	03-5464-1158
な	No.1 CHEESECAKE	htpps://no1cheesecake.com
	日美	www.soyclear-shop.com
は	BARAKA	03-5454-7200
	BALMUDA	0120-686-717
	PT JAPAN	03-5485-0058
	BIOTOPE INC.	03-6427-6424
	ヒロタカ 表参道ヒルズ	03-3478-1830
	フードライナー	078-858-2043
	ブルーベル・ジャパン（ファッション事業本部）	03-5413-1050
	プロポデザイン	06-6535-0124
	ボーダレス	03-3560-5214
ま	真下商事	03-6412-7081
	マディソンブルー	03-6434-9133
	無印良品 銀座	03-3538-1311
や	山利	073-455-0013
	ユナイテッドアローズ 青山 ウィメンズストア	03-5468-2255
ら	ロンハーマン	03-3402-6839

髙橋リタ（たかはし りた）

スタイリスト。シンプルベーシックを軸としながら、旬の気分が絶妙なさじ加減でブレンドされた品良く心地よいスタイリングが、年代を問わず幅広く女性の支持を集める。女性誌『Oggi』や『Precious』などで活躍、そのブレないスタイル提案、長く愛せるアイテムを選び取る審美眼が不動の人気を集めている。東京と七里ヶ浜を行き来する二拠点のライフスタイルを送り、SNSも常に注目の的。ファッションディレクターとして、各ブランドとのコラボも手がけている。近著に『RITA'S STANDARD スタイリスト髙橋リタのシンプル & 洗練ルール（春夏版・秋冬版）』『10年愛せる10の着こなし リタ・ベーシックのすべて』（すべて小学館）がある。Instagram:@jojopon

スタイリスト髙橋《たかはし》リタの偏愛《へんあい》ITEMリスト100

2020年4月30日　初版第1刷発行

著　者　髙橋《たかはし》リタ

撮　影　佐藤 彩〈静物〉
長山一樹（S-14）〈人物・P 2〉
生田昌士（hannah）〈人物・カバー〉
スタイリスト　髙橋リタ
ヘア＆メーク　川原文洋（UM）
アートディレクター　藤村雅史
ブックデザイン　清水美咲（藤村雅史デザイン事務所）
イラスト　山田杏里
取材・構成　駿河良美
DTP　山本秀一、山本深雪（G-clef）

発行者　田邉浩司
発行所　株式会社　光文社
〒112-8011　東京都文京区音羽1-16-6
電　話　編集部　03-5395-8172
書籍販売部　03-5395-8116
業務部　03-5395-8125
メール　non@kobunsha.com

落丁本・乱丁本は業務部へご連絡くだされば、お取り替えいたします。

組　版　萩原印刷
印刷所　萩原印刷
製本所　ナショナル製本

ISBN978-4-334-95162-7